Olugbenga Onile

Proteómica na esquistossomose: Aplicação e Relevância

Olugbenga Onile

Proteómica na esquistossomose: Aplicação e Relevância

Aplicação da proteómica na esquistossomose: Interação Hospedeiro-Parasita e Terapêutica

ScienciaScripts

Imprint

Cover image: www.ingimage.com

This book is a translation from the original published under ISBN 978-620-8-06516-4.

Publisher:
Sciencia Scripts
is a trademark of
Dodo Books Indian Ocean Ltd. and OmniScriptum S.R.L publishing group

120 High Road, East Finchley, London, N2 9ED, United Kingdom
Str. Armeneasca 28/1, office 1, Chisinau MD-2012, Republic of Moldova, Europe
Printed at: see last page
ISBN: 978-620-8-14005-2

RECONHECIMENTO

A minha especial gratidão vai também para os colegas que contribuíram para o êxito deste trabalho.

DEDICAÇÃO

Dedico este trabalho a Deus Todo-Poderoso, sem o qual nada seria possível.

ÍNDICE DE CONTEÚDOS

RESUMO

A proteómica, que é o estudo de todo o conjunto de proteínas expressas por uma célula, tecido ou organismo, tem aplicações significativas no domínio da investigação da esquistossomose. A esquistossomose é transmitida através do contacto com água doce contaminada com as larvas (cercárias) dos parasitas Schistosoma. A esquistossomose pode causar uma série de sintomas, dependendo da espécie de Schistosoma envolvida e da fase da infeção. Os sintomas agudos podem incluir febre, fadiga, dor abdominal, diarreia e sangue na urina ou nas fezes. As infecções crónicas podem levar a complicações graves, como fibrose hepática, disfunção da bexiga e um risco acrescido de desenvolver esquistossomose hepatoesplénica ou esquistossomose urogenital. A esquistossomose continua a ser um grande problema de saúde pública, necessitando de abordagens inovadoras para o diagnóstico, tratamento e controlo. As técnicas proteómicas surgiram como ferramentas valiosas para compreender os mecanismos moleculares subjacentes à biologia do esquistossoma e às interações hospedeiro-parasita. Este relatório apresenta uma panorâmica abrangente das aplicações proteómicas na investigação da esquistossomose, incluindo a caraterização do proteoma, as interações hospedeiro-parasita, as modificações pós-traducionais e a descoberta de vacinas. São discutidos os principais avanços neste domínio, destacando a identificação de potenciais biomarcadores de diagnóstico, alvos de medicamentos e candidatos a vacinas. São abordados os desafios associados à preparação de amostras, à análise de dados e à normalização, bem como as estratégias para ultrapassar estes obstáculos. Além disso, é explorado o potencial da proteómica no avanço da medicina personalizada e das intervenções de precisão na saúde pública para o controlo da esquistossomose. Através da integração de abordagens proteómicas com outras tecnologias ómicas e colaborações interdisciplinares, existe um grande potencial para acelerar o progresso no sentido da eliminação da esquistossomose como um fardo de saúde global.

CAPÍTULO UM

1.1 INTRODUÇÃO

A esquistossomose é um importante problema de saúde global, causado por trematódeos parasitas do género Schistosoma e afecta mais de 200 milhões de pessoas em todo o mundo, especialmente em zonas tropicais e subtropicais (Sotillo et al, 2016). A esquistossomose é uma doença tropical crónica negligenciada que se caracteriza por desafios inflamatórios contínuos para a população exposta e foi estabelecida como um possível fator de risco na etiologia do cancro da bexiga (Bergquist et al. 2017). É possível melhorar o diagnóstico da esquistossomose e da sua patologia associada através da espetrometria de massa para identificar biomarcadores entre a população infetada, o que influenciará a deteção precoce da doença e a sua morbilidade subtil (Onile et al. 2017).

Para combater esta infeção parasitária complexa, são necessárias abordagens inovadoras para melhorar a nossa compreensão das interações hospedeiro-parasita, identificar novos alvos de medicamentos e facilitar o desenvolvimento de ferramentas e intervenções de diagnóstico eficazes. A proteómica tornou-se um meio eficaz para compreender a complexa relação entre o parasita e o sistema imunitário do hospedeiro, bem como os mecanismos moleculares subjacentes à esquistossomose (Castro et al. 2011). As tecnologias proteómicas oferecem novas perspectivas sobre as alterações ao nível do proteoma que ocorrem em várias fases da infeção por Schistosoma, o controlo do sistema imunitário do hospedeiro e a descoberta de potenciais biomarcadores para o diagnóstico e acompanhamento do tratamento. O objetivo desta revisão é dar uma visão geral das aplicações do proteoma na investigação da esquistossomose, salientando os desenvolvimentos actuais, os obstáculos e os potenciais caminhos a seguir. Através da aplicação da proteómica, os cientistas podem acelerar a identificação de novos alvos para tratamento, obter uma compreensão mais profunda da fisiopatologia da esquistossomose e, em última análise, ajudar na criação de métodos mais eficientes para a gestão e erradicação desta doença tropical negligenciada. (CDC, 2020).

1.2 BREVE HISTORIAL DA DOENÇA

Theodor Bilharz, um professor alemão de anatomia e chefe de cirurgia no Hospital Kasr El Ani do Cairo a partir de 1850, identificou pela primeira vez um organismo infecioso, Distomum hematobium, em 1851, que passou a chamar-se Schistosoma haematobium em 1858, proveniente de um verme cestódeo, Hymenoleptis nana, que se encontrava no pequeno cólon de um doente egípcio. Na mesma altura, Bilharz descobriu também um verme trematódeo numa autópsia, que se pensava ser a causa da esquistossomose urinária. Bilharz morreu de febre tifoide em 1862, com 37 anos. O Instituto de Investigação Theodor Bilharz, em Gizé, no Egito, é hoje uma homenagem a ele. Em 1914, F. Milton publicou o primeiro relatório sobre a esquistossomose, com revisão por pares. Estima-se que 700 milhões de pessoas estejam em risco de infeção em 76 países onde a doença é considerada endémica, uma vez que o seu trabalho agrícola, actividades domésticas e actividades recreativas as expõem a águas infestadas. As mortes devidas à esquistossomose estão estimadas em 11.792 por ano a nível mundial, mas estes números estão relativamente subestimados e devem ser reavaliados (OMS, 2023). Prevê-se que as infecções por esquistossomose no mundo continuem a aumentar, estimando-se que duzentos e trinta milhões de pessoas (230.000.000) tenham contraído esquistossomose a nível mundial e que outros setecentos milhões (700.000.000) estejam em risco de infeção e que ocorram duzentas mil (200.000) mortes por ano (OMS 2021).

1.3 CICLO DE VIDA DA ESQUISTOSSOMOSE

A esquistossomose, também conhecida como bilharziose, tem um ciclo de vida extenso que envolve múltiplas fases e interações entre o parasita (Schistosoma spp.) e os seus hospedeiros. Aqui está uma visão geral do extenso ciclo de vida da esquistossomose:

1. Fase de ovo: O ciclo de vida começa quando as fêmeas adultas do Schistosoma, que residem nos vasos sanguíneos que rodeiam os intestinos ou a bexiga do hospedeiro definitivo (normalmente o homem), produzem ovos. Estes ovos são excretados do corpo do hospedeiro através da urina ou das fezes e entram em ambientes de água doce.
2. Fase de Miracídio: Uma vez na água doce, os ovos eclodem, libertando larvas que nadam livremente, chamadas miracídios. Os miracídios procuram ativamente e infectam espécies específicas de caracóis de água doce, que servem de hospedeiros intermediários.
3. Estágios de Esporocistos e Cercárias: No hospedeiro intermediário caracol, o miracídio sofre uma transformação em esporocistos, que depois produzem cercárias através de um processo de reprodução assexuada. As cercárias são a fase infecciosa do parasita que são libertadas do caracol para a água.
4. Penetração e transformação: As cercárias penetram na pele dos seres humanos ou de outros mamíferos após contacto com água contaminada. Uma vez dentro do hospedeiro, as cercárias perdem as suas caudas e transformam-se em esquistossómulos.
5. Migração: As esquistossómulas migram através da corrente sanguínea até chegarem às veias que rodeiam os intestinos ou a bexiga, dependendo da espécie de Schistosoma. Nas veias, amadurecem e transformam-se em vermes adultos machos e fêmeas.

6. Reprodução: Os vermes adultos machos e fêmeas juntam-se e migram para locais específicos do corpo do hospedeiro, como as veias mesentéricas (intestinos) ou o plexo vesical (bexiga), onde se reproduzem sexualmente. Os vermes fêmeas põem ovos e o ciclo continua.
7. Deposição e libertação de ovos: Os ovos produzidos pelas fêmeas penetram nas paredes dos vasos sanguíneos e são eliminados no trato intestinal ou urinário do hospedeiro. Alguns ovos são excretados do corpo do hospedeiro através da urina ou das fezes, completando o ciclo de vida e perpetuando a transmissão. (OMS 2018)

O extenso ciclo de vida da esquistossomose envolve interações complexas entre o parasita, os hospedeiros intermediários (caracóis) e os hospedeiros definitivos (humanos ou outros mamíferos). A compreensão do ciclo de vida é crucial para o desenvolvimento de estratégias eficazes de controlo e prevenção, tais como tratamentos medicamentosos e vacinas, que visam pontos específicos do ciclo de vida do parasita para reduzir o fardo da esquistossomose em regiões endémicas. (OMS 2018)

1.4 RELEVÂNCIA DAS INTERACÇÕES HOSPEDEIRO-PARASITA PARA OS AVANÇOS TERAPÊUTICOS

Esta interação envolve uma interação complexa de processos moleculares, celulares e imunológicos que determinam o resultado da infeção, incluindo o estabelecimento da infeção, as respostas imunitárias provocadas pelo hospedeiro, as estratégias utilizadas pelo parasita para iludir ou modular as defesas do hospedeiro e a patogénese resultante e as manifestações clínicas da doença.

As interações hospedeiro-parasita podem variar muito, dependendo de factores como o tipo de parasita, o estado imunitário do hospedeiro, os antecedentes genéticos e os factores ambientais. Estas interações podem variar desde relações mutualistas ou comensais, em que o parasita beneficia do hospedeiro sem causar danos significativos, até infecções parasitárias que resultam em doenças, danos nos tecidos e patologia.

Os seguintes elementos são importantes para as interações hospedeiro-parasita:

1. Resposta imunitária do hospedeiro: O reconhecimento e o combate às infecções parasitárias dependem em grande medida do sistema imunitário do hospedeiro. Para combater o parasita, são desencadeadas respostas imunitárias inatas e adaptativas. Estas incluem a libertação de citocinas, a ativação de células imunitárias, como as células T e os macrófagos, e a produção de anticorpos. O grau de resolução da infeção - desde a eliminação do parasita até uma infeção crónica ou persistente - depende do bom funcionamento do sistema imunitário do hospedeiro.
2. Estratégias de evasão do parasita: A fim de estabelecer e manter a infeção no hospedeiro, os parasitas desenvolveram uma variedade de estratégias de evasão ou de imunomodulação. A variação antigénica, a supressão imunológica, a alteração das vias de sinalização das células hospedeiras e a secreção de moléculas imunomoduladoras que bloqueiam as defesas do hospedeiro são alguns exemplos destas tácticas.
3. Tolerância do hospedeiro e patogénese: Os efeitos das interações hospedeiro-parasita podem variar desde uma infeção ligeira a uma doença e patologia graves. O grau da doença e os seus sintomas clínicos dependem do equilíbrio entre a resistência do hospedeiro - a capacidade de controlar e erradicar o parasita - e a tolerância do hospedeiro - a capacidade de suportar a presença do parasita sem sofrer danos apreciáveis. Os danos nos tecidos provocados pelos parasitas, a inflamação e a patologia imunomediada desempenham todos um papel na patogénese das doenças parasitárias (Cai et al, 2020).

O desenvolvimento de técnicas eficazes para a deteção, diagnóstico e tratamento de infecções parasitárias requer a compreensão das interações entre o hospedeiro e o parasita. Os investigadores podem identificar novos alvos terapêuticos, criar vacinas e desenvolver intervenções que controlem e eliminem as doenças parasitárias, melhorando, em última análise, a saúde das pessoas e dos animais, através da clarificação dos mecanismos moleculares subjacentes a estas interações. As interações hospedeiro-parasita desempenham um papel crucial na promoção de avanços terapêuticos de várias formas, incluindo

1. Identificação de alvos de medicamentos: A compreensão dos mecanismos moleculares subjacentes às interações hospedeiro-parasita ajuda a identificar proteínas e vias essenciais do parasita que podem ser alvo de intervenção terapêutica. Ao perturbar as interações críticas entre o parasita e o seu hospedeiro, podem ser identificados novos alvos de medicamentos para o desenvolvimento de medicamentos antiparasitários com maior eficácia e

especificidade.

2. Desenvolvimento de vacinas: As interações entre o hospedeiro e o parasita fornecem informações valiosas sobre as respostas imunitárias desencadeadas pelo hospedeiro contra o parasita e as estratégias utilizadas pelo parasita para iludir ou modular as defesas imunitárias do hospedeiro. Este conhecimento informa a conceção e o desenvolvimento de vacinas que visam antigénios específicos ou vias envolvidas na imunidade protetora contra o parasita, levando ao desenvolvimento de vacinas preventivas e terapêuticas para doenças parasitárias.

3. Medicina personalizada: As interações hospedeiro-parasita contribuem para a variabilidade inter-individual na suscetibilidade, progressão e resposta ao tratamento da doença. Ao elucidar os factores genéticos, imunológicos e ambientais que influenciam as interações hospedeiro-parasita, as abordagens de medicina personalizada podem ser adaptadas a cada doente, optimizando as estratégias de tratamento e melhorando os resultados clínicos com base nas caraterísticas únicas do doente e no seu perfil de doença.

4. Monitorização da resistência aos medicamentos: As interações hospedeiro-parasita influenciam o aparecimento e a propagação da resistência aos medicamentos nos parasitas, selecionando estirpes resistentes através da pressão selectiva exercida pelos medicamentos antiparasitários. A monitorização das interações parasita-hospedeiro fornece informações sobre os mecanismos de desenvolvimento e propagação da resistência aos medicamentos, facilitando a deteção precoce da resistência e a implementação de estratégias para prevenir ou atenuar o seu impacto na eficácia do tratamento.

5. Compreender a Patogénese da Doença: As interações hospedeiro-parasita contribuem para a patogénese das doenças parasitárias, influenciando a progressão da doença, os danos nos tecidos e as manifestações clínicas. A elucidação dos mecanismos moleculares subjacentes às interações hospedeiro-parasita ajuda a desvendar a complexa interação entre o parasita e os tecidos do hospedeiro, levando a uma melhor compreensão da patogénese da doença e à identificação de novos alvos terapêuticos para intervenção. (Hotez, et al. 2019)

CAPÍTULO DOIS

2.1 TECNOLOGIAS PROTEÓMICAS

A proteómica, o estudo de todo o conjunto de proteínas expressas por uma célula, tecido ou organismo, revolucionou a investigação biomédica e a prática clínica ao fornecer informações sobre os mecanismos moleculares subjacentes à saúde e à doença. As tecnologias proteómicas permitem uma análise abrangente da expressão, estrutura, função e interações das proteínas, conduzindo a uma vasta gama de aplicações em vários domínios. Apresenta-se em seguida uma análise aprofundada das várias utilizações da proteómica:

1. Descoberta de biomarcadores de doenças

- A proteómica é fundamental para identificar e caraterizar biomarcadores proteicos associados a várias doenças, incluindo cancro, doenças cardiovasculares, doenças neurológicas, doenças infecciosas e doenças auto-imunes.
-Os estudos de descoberta de biomarcadores envolvem a comparação de perfis de expressão de proteínas entre tecidos ou fluidos corporais doentes e saudáveis para identificar proteínas desreguladas ou assinaturas de proteínas indicativas de doença.
-Estes biomarcadores podem ser detectados através de técnicas proteómicas, como a espetrometria de massa, microarrays de proteínas e imunoensaios, e servem como marcadores de diagnóstico, prognóstico e previsão para a deteção de doenças, monitorização e avaliação da resposta ao tratamento.

2. Identificação e validação de alvos de medicamentos:

- A proteómica facilita a identificação de novos alvos de medicamentos, traçando o perfil do proteoma de tecidos ou células doentes e identificando proteínas desreguladas ou vias de sinalização implicadas na patogénese da doença.
- Os estudos de validação de alvos envolvem a caraterização funcional de alvos de fármacos candidatos utilizando abordagens proteómicas para avaliar o seu significado biológico, parceiros de interação e capacidade de serem utilizados como fármacos.
- A proteómica também contribui para os esforços de descoberta de medicamentos com base em alvos, através do rastreio de compostos de pequenas moléculas ou de produtos biológicos em relação a proteínas-alvo, a fim de identificar compostos com potencial terapêutico.

3. Descoberta e desenvolvimento de medicamentos:

- A proteómica desempenha um papel crucial na descoberta e no desenvolvimento de medicamentos, elucidando os mecanismos de ação dos medicamentos, identificando efeitos fora do alvo e avaliando a eficácia e a toxicidade dos medicamentos.
- As análises proteómicas de células ou tecidos tratados com fármacos revelam alterações nos perfis de expressão proteica, modificações pós-traducionais e interações proteína-proteína, fornecendo informações sobre as alterações moleculares induzidas pelos fármacos.
- Estes conhecimentos informam a otimização de medicamentos, a seleção de compostos principais e a avaliação da segurança pré-clínica, acelerando o processo de desenvolvimento de medicamentos e melhorando a taxa de sucesso dos candidatos a medicamentos em ensaios clínicos.

4. Medicina personalizada:
- A proteómica permite a implementação de abordagens de medicina personalizada, traçando o perfil do proteoma de amostras de doentes para identificar assinaturas moleculares associadas à variabilidade individual na suscetibilidade, progressão e resposta ao tratamento da doença.
- O perfil proteómico personalizado orienta a tomada de decisões clínicas através da estratificação dos doentes em subgrupos com perfis moleculares distintos e da previsão da sua resposta a terapias específicas.
- Os biomarcadores proteómicos são utilizados para monitorizar a progressão da doença, avaliar a eficácia do tratamento e orientar intervenções terapêuticas adaptadas às necessidades individuais do doente, maximizando os resultados clínicos e minimizando os efeitos adversos.

5. Genómica funcional e biologia de sistemas:

- A proteómica complementa a genómica e a transcriptómica, fornecendo informações funcionais sobre a expressão genética ao nível das proteínas
- As análises proteómicas revelam modificações pós-traducionais, interações proteína-proteína e padrões de localização subcelular, melhorando a nossa compreensão dos processos celulares, vias biológicas e redes reguladoras.
- A integração de dados proteómicos com conjuntos de dados genómicos, transcriptómicos e metabolómicos permite abordagens de biologia de sistemas para modelar e simular sistemas biológicos complexos, elucidar mecanismos de doenças e identificar novos alvos terapêuticos.

6. Diagnósticos clínicos e ensaios baseados em biomarcadores:
- Os ensaios proteómicos são desenvolvidos para diagnósticos clínicos, permitindo a deteção e quantificação de biomarcadores específicos de doenças em amostras de pacientes.
- Os testes de diagnóstico baseados na proteómica oferecem uma melhor sensibilidade, especificidade e capacidades de multiplexagem em comparação com os métodos de diagnóstico tradicionais, levando a uma deteção mais precoce da doença e a um diagnóstico mais preciso.
- Os ensaios proteómicos baseados em biomarcadores são utilizados para o rastreio, o diagnóstico, o prognóstico e a monitorização de várias doenças, incluindo o cancro, as doenças cardiovasculares, as doenças infecciosas e as doenças auto-imunes.

7. Investigação biomédica e ciência fundamental:

- A proteómica contribui para a investigação fundamental ao fazer avançar a nossa compreensão dos processos biológicos fundamentais, das vias de sinalização celular e dos mecanismos de doença.
- As tecnologias proteómicas permitem uma análise de elevado rendimento da expressão, estrutura e função das proteínas, facilitando as investigações baseadas em hipóteses e a investigação orientada para a descoberta.
- As abordagens proteómicas são utilizadas para estudar a dinâmica das proteínas, as interações proteína-proteína e a localização das proteínas nas células, tecidos e organelos, fornecendo informações sobre a biologia complexa dos organismos vivos. (McManus et al. 2020).

2.2 ESPECTROMETRIA DE MASSA

A espetrometria de massa (MS) é uma técnica analítica poderosa usada para identificar e caraterizar proteínas, tornando-a valiosa no estudo das interações hospedeiro-parasita para doenças como a esquistossomose (Liao et al. 2019). Veja como a espetrometria de massa é empregada nesse contexto:

1. Preparação da amostra: As amostras de tecido ou biológicas que contêm proteínas do hospedeiro e do parasita são recolhidas e preparadas para análise. São utilizadas técnicas como a extração de proteínas, a digestão em péptidos utilizando enzimas (por exemplo, tripsina) e a purificação.
2. Análise espectrométrica de massa: Os péptidos preparados são então submetidos a análise por espetrometria de massa. Isto envolve normalmente a ionização dos péptidos, seguida da separação com base na razão massa/carga (m/z) e da deteção dos iões.
3. Espectrometria de massa em tandem (MS/MS): A espetrometria de massa em tandem envolve duas fases consecutivas de espetrometria de massa. Na primeira fase, os péptidos são fragmentados e, na segunda fase, os fragmentos são analisados. Este processo fornece informações sobre a sequência dos péptidos.
4. Pesquisa em bases de dados: Os dados de espetrometria de massa adquiridos, em particular os espectros MS/MS, são depois comparados com bases de dados de sequências de proteínas. Isto é feito utilizando ferramentas de bioinformática e ajuda a identificar as proteínas presentes na amostra.
5. Proteómica quantitativa: A espetrometria de massa pode também ser utilizada para a proteómica quantitativa, a fim de avaliar as alterações nos níveis de expressão das proteínas durante as interações hospedeiro-parasita. As técnicas de marcação isotópica, como as etiquetas de massa em tandem (TMT) ou a marcação isotópica estável por aminoácidos em cultura de células (SILAC), são normalmente utilizadas.
6. Análise de modificações pós-translacionais: A espetrometria de massa permite a deteção e caraterização de modificações pós-traducionais (PTMs) em proteínas. Esta informação é crucial para compreender como as proteínas são modificadas durante as interações hospedeiro-parasita.
7. Estudos de interação proteína-proteína: As técnicas de espetrometria de massa de ligação cruzada podem ser usadas para identificar interações físicas diretas entre proteínas em sistemas hospedeiro-parasita. Isto ajuda na construção de redes de interação (Adetunji et al. 2018).

Ao aplicar a espetrometria de massa desta forma, os investigadores obtêm mais informações sobre a identidade, abundância, modificações e interações das proteínas envolvidas nas interações entre o hospedeiro e o parasita na esquistossomose. Esta informação é fundamental para compreender os mecanismos moleculares subjacentes à doença e para identificar potenciais alvos para intervenções terapêuticas, incluindo o desenvolvimento de vacinas. (Cao, et al. 2020)

Na investigação da esquistossomose são utilizadas várias técnicas de espetrometria de massa (MS) para examinar proteínas, metabolitos e outras biomoléculas relacionadas com o parasita e a resposta do hospedeiro à infeção. Seguem-se algumas técnicas de MS frequentemente utilizadas na investigação da esquistossomose:

1. Espectrometria de massa com dessorção/ionização por laser assistida por matriz (MALDI-

MS): A identificação de proteínas na investigação da esquistossomose utiliza frequentemente a MALDI-MS. Implica a utilização de um laser para ionizar proteínas ou péptidos incorporados numa matriz, produzindo iões que são subsequentemente examinados por um espetrómetro de massa. A espetrometria de massa em tandem (MS/MS) é uma técnica que pode ser utilizada em conjunto com a MALDI-MS para identificar e sequenciar proteínas a partir de amostras proteómicas.

2. Cromatografia líquida-Espectrometria de massa (LC-MS): Para uma análise proteómica abrangente na investigação da esquistossomose, utiliza-se frequentemente a LC-MS. Implica a utilização de cromatografia líquida para separar péptidos ou proteínas, seguida de análise por espetrometria de massa. As proteínas em amostras complexas, como extractos de Schistosoma ou tecidos do hospedeiro, podem ser identificadas e quantificadas utilizando LC-MS devido à sua elevada sensibilidade e resolução.

3. Espectrometria de Massa de Monitorização de Reacções Selecionadas (SRM): A SRM é um método de espetrometria de massa focalizado que é aplicado a amostras complexas para quantificar proteínas ou péptidos específicos de interesse. A SRM pode ser utilizada na investigação da esquistossomose para medir biomarcadores ligados à resposta ao tratamento ou à infeção em amostras clínicas ou experimentais.

4. Espectrometria de Massa de Mobilidade Iónica (IM-MS): A IM-MS é uma técnica emergente que separa iões com base no seu tamanho, forma e carga na fase gasosa. Na investigação da esquistossomose, a IM-MS pode fornecer informações estruturais adicionais sobre proteínas ou metabolitos, complementando as análises tradicionais de MS. (Carvalho, et al. 2016)

Avanços nos estudos proteómicos da esquistossomose utilizando a espetrometria de massa:

1. Perfil do proteoma de parasitas de Schistosoma:

- A espetrometria de massa permite a caraterização de todo o proteoma dos parasitas Schistosoma em diferentes fases de desenvolvimento, incluindo vermes adultos, cercárias, esquistossómulos e ovos.
- As análises proteómicas comparativas revelam padrões de expressão proteica específicos de cada fase, identificam factores de virulência e elucidam os principais processos biológicos envolvidos na sobrevivência do parasita, na invasão do hospedeiro e na evasão imunitária.

2. Interações entre o hospedeiro e o parasita

- São utilizadas abordagens baseadas na espetrometria de massa para estudar as interações entre os parasitas do schistosoma e o seu hospedeiro, incluindo o sistema imunitário humano e os tecidos do hospedeiro.
- A co-imunoprecipitação associada à espetrometria de massa identifica as interações proteína-proteína entre as proteínas do parasita e do hospedeiro, elucidando os mecanismos moleculares das interações hospedeiro-parasita e as estratégias de evasão imunitária.

3. Descoberta e diagnóstico de biomarcadores:

- A espetrometria de massa facilita a descoberta e a validação de biomarcadores proteicos

associados à esquistossomose para o diagnóstico da doença, o prognóstico e a monitorização do tratamento.
-Os ensaios proteómicos baseados em biomarcadores oferecem maior sensibilidade, especificidade e capacidades de multiplexagem para a deteção precoce da infeção, avaliação da gravidade da doença e monitorização da resposta terapêutica.
4. Identificação e desenvolvimento de alvos de medicamentos:

- A espetrometria de massa contribui para a identificação de potenciais alvos de medicamentos nos parasitas Schistosoma, traçando o perfil do proteoma e identificando proteínas ou vias essenciais necessárias para a sobrevivência do parasita.
- As abordagens de proteómica química, como a caraterização de proteínas com base na atividade e a cromatografia de afinidade de fármacos associada à espetrometria de massa, facilitam os esforços de descoberta e desenvolvimento de fármacos através do rastreio de compostos de pequenas moléculas para ligação a proteínas-alvo. (Dai et al. 2017).

DESAFIOS E PERSPECTIVAS FUTURAS

1. Complexidade da amostra e análise de dados:

- A análise proteómica de amostras de esquistossomose é desafiada pela complexidade das interações parasita-hospedeiro e pela natureza dinâmica do proteoma.
- São necessários avanços nos algoritmos de análise de dados e nas ferramentas de bioinformática para processar e interpretar conjuntos de dados proteómicos em grande escala, identificar biomarcadores relevantes e dar prioridade a potenciais alvos de medicamentos.
2. Disponibilidade e padronização de amostras:

- O acesso a amostras bem caracterizadas de esquistossomose, incluindo amostras clínicas e organismos modelo, é essencial para estudos proteómicos.
- A normalização dos protocolos de recolha, processamento e armazenamento de amostras é necessária para garantir a reprodutibilidade e a comparabilidade dos dados proteómicos entre diferentes estudos e laboratórios.
3. Avanços tecnológicos:

- Os avanços tecnológicos contínuos na instrumentação de espetrometria de massa, incluindo analisadores de massa de alta resolução, técnicas de ionização aprimoradas e estratégias aprimoradas de aquisição de dados, aumentarão ainda mais a sensibilidade, o rendimento e a precisão das análises proteômicas na pesquisa da esquistossomose. (Vassella, et al. 2019)

2.3 PRINCÍPIOS DA ELECTROFORESE BIDIMENSIONAL EM GEL

A eletroforese em gel bidimensional (2-DE) é uma técnica poderosa e amplamente utilizada em proteómica para separar misturas complexas de proteínas com base no seu ponto isoelétrico (pI) e peso molecular (MW). Este método permite aos investigadores visualizar e analisar a composição proteica de amostras biológicas, fornecendo informações valiosas sobre os padrões de expressão das proteínas, as modificações pós-traducionais e as interações. A eletroforese em gel bidimensional envolve duas separações sequenciais de proteínas: focalização isoeléctrica (IEF) na primeira dimensão e eletroforese em gel de dodecil sulfato de sódio-poliacrilamida (SDS-PAGE) na segunda dimensão.

METODOLOGIA DA ELECTROFORESE BIDIMENSIONAL EM GEL

1. Preparação da amostra: As proteínas são extraídas de parasitas de Schistosoma ou de tecidos do hospedeiro utilizando tampões de lise adequados. As concentrações de proteínas são quantificadas e as amostras são preparadas para análise 2-DE.
2. Focalização isoeléctrica (IEF): As proteínas são carregadas no gel IEF, que contém um gradiente de pH. É aplicado um campo elétrico que faz com que as proteínas migrem para o seu pI, onde se concentram em bandas ou pontos discretos ao longo do gel.
3. Equilibração: Após a IEF, o gel é equilibrado para preparar a separação bidimensional. Isto envolve a redução e a alquilação das ligações dissulfureto para evitar a redobragem das proteínas e assegurar uma densidade de carga uniforme.
4. Eletroforese SDS-PAGE: As proteínas são separadas na segunda dimensão com base no seu MW à medida que migram através da matriz do gel.
5. Coloração e visualização: Após a eletroforese, as proteínas são visualizadas utilizando corantes proteicos como o Coomassie Brilliant Blue ou o corante de prata. Os géis corados são digitalizados ou fotografados para capturar imagens digitais de pontos de proteína para análise subsequente. (Santos et al. 2018)

APLICAÇÕES DA ELECTROFORESE BIDIMENSIONAL EM GEL NA INVESTIGAÇÃO DA ESQUISTOSSOMOSE

1. Perfil do proteoma de parasitas de Schistosoma: 2-DE permite a análise abrangente do proteoma de Schistosoma em diferentes fases do ciclo de vida, fornecendo informações sobre a dinâmica da expressão de proteínas, adaptações específicas da fase e factores de virulência.
2. Interações hospedeiro-parasita: A 2-DE facilita o estudo das interações hospedeiro-parasita através da análise das alterações da expressão proteica nos tecidos infectados do hospedeiro. Os perfis de expressão proteica diferencial revelam respostas imunitárias do hospedeiro, vias inflamatórias e processos de remodelação de tecidos.
3. Descoberta de biomarcadores: Os padrões de expressão proteica diferencial identificados por 2-DE servem como potenciais biomarcadores para o diagnóstico, prognóstico e monitorização do tratamento da esquistossomose. Os biomarcadores candidatos são validados e caracterizados com espetrometria de massa e outros ensaios bioquímicos.
4. Identificação de alvos de medicamentos: As proteínas identificadas por 2-DE servem como potenciais alvos de medicamentos para o desenvolvimento de novas terapias anti-esquistossomóticas. A análise proteómica de parasitas tratados com medicamentos revela alterações induzidas por medicamentos na expressão de proteínas, orientando os esforços de descoberta de medicamentos. (Couto et al, 2020)

DESAFIOS E PERSPECTIVAS FUTURAS

1. Identificação de proteínas: A identificação de manchas de proteínas por espetrometria de massa pode ser um desafio devido à sobreposição de manchas, às proteínas de baixa abundância e às modificações pós-traducionais.
2. Análise quantitativa: Embora a 2-DE forneça informações semi-quantitativas sobre a expressão proteica, a precisão quantitativa pode ser melhorada combinando a 2-DE com outras técnicas proteómicas quantitativas.
3. Avanços tecnológicos: Os futuros avanços na instrumentação de eletroforese em gel, nos métodos de coloração e no software de imagiologia aumentarão a sensibilidade, a resolução e o rendimento da 2-DE em estudos proteómicos da esquistossomose.
4. Solubilidade das proteínas: Algumas proteínas podem ser pouco solúveis ou propensas à agregação, levando a uma cobertura incompleta do proteoma e a resultados tendenciosos.
5. Gama dinâmica: A 2-DE tem uma gama dinâmica limitada, particularmente para proteínas de baixa abundância e proteínas com valores extremos de pI ou MW.
6. Variação de gel para gel: A variabilidade nas condições de eletroforese em gel e nos procedimentos de coloração pode introduzir uma variação de gel para gel, exigindo uma normalização e uma análise estatística cuidadosas.
7. Tempo e trabalho intensivos: as experiências de 2-DE requerem tempo, recursos e conhecimentos significativos para a preparação de amostras, moldagem em gel, eletroforese, coloração e análise de imagens. (Bennet, et al. 2019 e Lin, et al. 2019)

SEPARAÇÃO DE PROTEÍNAS COM BASE NA CARGA E NO TAMANHO.

As proteínas são macromoléculas diversas com tamanhos e cargas diferentes, o que torna a sua separação e análise um desafio. No entanto, foram desenvolvidas várias técnicas para ultrapassar estes desafios e facilitar a separação das proteínas com base no seu tamanho e carga. Estas técnicas são ferramentas essenciais em bioquímica, biologia molecular e proteómica, permitindo aos investigadores estudar a estrutura, função e interações das proteínas. A separação de proteínas com base no tamanho e na carga é uma técnica fundamental em biotecnologia e proteómica, permitindo o isolamento e a análise de misturas complexas de proteínas. As informações que se seguem fornecem uma panorâmica dos princípios, metodologias e aplicações das técnicas utilizadas para a separação de proteínas com base no tamanho (peso molecular) e na carga (ponto isoelétrico), incluindo a eletroforese em gel de dodecil sulfato de sódio-poliacrilamida (SDS-PAGE) e a focalização isoeléctrica (IEF). (Nyalwilde, et al. (2010)

Separação com base no tamanho:

1. Eletroforese em gel de poliacrilamida com dodecil sulfato de sódio (SDS-PAGE):

- Princípio: A SDS-PAGE separa as proteínas com base no seu peso molecular (tamanho), desnaturando-as com SDS e submetendo-as a eletroforese através de uma matriz de gel de poliacrilamida.

- Metodologia: As proteínas são misturadas com SDS para conferir uma carga negativa proporcional ao seu tamanho, assegurando uma migração uniforme através do gel. A separação ocorre à medida que as proteínas migram através do gel sob a influência de um campo elétrico.
- Aplicações: A SDS-PAGE é amplamente utilizada para análise de proteínas, avaliação da pureza e quantificação em investigação, diagnóstico e biotecnologia. (Gilda, et al. 2013)

Separação com base na acusação:

2. Focalização isoeléctrica (IEF):

- Princípio: A IEF separa as proteínas com base no seu ponto isoelétrico (pI), o pH a que não possuem carga líquida. As proteínas migram para o seu pI sob a influência de um campo elétrico e concentram-se em bandas ou pontos discretos.
- Metodologia: As proteínas são carregadas num gel com um gradiente de pH e é aplicado um campo elétrico para as separar com base no seu pI. O gel é então equilibrado e sujeito a uma técnica de separação de segunda dimensão, como o SDS-PAGE.
- Aplicações: A IEF é utilizada para a purificação de proteínas, a caraterização de isoformas de proteínas e a análise de modificações pós-traducionais (PTMs). (Gilda, et al. 2013)

TÉCNICA COMBINADA

Eletroforese em gel bidimensional (2-DE)
- Princípio: A 2-DE combina a IEF com a SDS-PAGE para separar as proteínas com base no tamanho e na carga. As proteínas são primeiro separadas por IEF de acordo com o seu pI e depois por SDS-PAGE com base no seu peso molecular.
- Metodologia: As proteínas são concentradas na primeira dimensão por IEF e depois separadas na segunda dimensão por SDS-PAGE. O gel resultante é corado para visualizar os pontos de proteína para análise.

-Aplicações: A 2-DE é uma ferramenta poderosa para a caraterização de proteomas, descoberta de biomarcadores e análise comparativa de padrões de expressão de proteínas.

Western Blotting: O Western blotting, também conhecido como immunoblotting de proteínas, é um método analítico poderoso que combina eletroforese em gel, transferência de proteínas e deteção de anticorpos para identificar e caraterizar proteínas específicas em amostras biológicas complexas. Esta técnica revolucionou o campo da biologia molecular, permitindo aos investigadores investigar a expressão proteica, as modificações pós-traducionais e as interações com elevada especificidade e sensibilidade. A técnica de Western blotting pode ser utilizada para identificar determinadas proteínas ou examinar as respostas dos anticorpos contra elas, depois de as proteínas de interesse terem sido separadas por eletroforese em gel 2D. O Western blotting é um método amplamente utilizado na investigação do Schistosoma para identificar antigénios imunodominantes que o sistema imunitário do hospedeiro reconhece durante a infeção. É possível aos investigadores transferir proteínas de géis 2D para uma membrana e depois utilizar anticorpos de pessoas infectadas ou modelos animais para sondar a membrana. Isto permite identificar e caraterizar as respostas dos anticorpos contra antigénios do Schistosoma, o que pode revelar informações sobre o sistema imunitário do hospedeiro e sugerir possíveis alvos para futuras vacinas. Os investigadores podem examinar a resposta imunitária do hospedeiro à infeção, bem como o proteoma dos parasitas Schistosoma, combinando a eletroforese em gel 2D e o Western blotting. A combinação destes métodos permite aos cientistas encontrar proteínas implicadas na biologia e fisiopatologia dos parasitas, bem como possíveis alvos para tratamentos, vacinas e diagnósticos relacionados com a esquistossomose. (Gordon, et al. 2011)

PRINCÍPIO DO WESTERN BLOTTING

No cerne da técnica de Western blotting está o princípio de separar as proteínas com base no seu peso molecular, transferi-las para uma membrana e detetar as proteínas alvo utilizando anticorpos específicos. A técnica baseia-se na ligação específica de anticorpos primários à proteína alvo, seguida de anticorpos secundários conjugados com enzimas ou fluoróforos para amplificação e visualização do sinal. A otimização da técnica de Western blotting envolve várias considerações críticas, incluindo a qualidade da amostra, a escolha dos anticorpos, os reagentes de bloqueio, os métodos de deteção e as técnicas de análise de dados. A atenção cuidadosa a estes factores é essencial para a obtenção de resultados fiáveis e reprodutíveis em experiências de Western blot. (Smith, et al. 2002)

Aplicações de Western Blotting:

O Western blotting é utilizado numa vasta gama de áreas de investigação, incluindo a biologia celular, a imunologia, a investigação do cancro e o desenvolvimento de medicamentos. É utilizada para estudar padrões de expressão de proteínas, descoberta de biomarcadores, interações proteína-proteína, modificações pós-traducionais e mecanismos de doença. Além disso, o Western blotting é uma ferramenta valiosa no diagnóstico clínico para a deteção de proteínas específicas em amostras de pacientes.

Técnica de Utilização de Western Blotting em Estudos de Schistosoma:

1. Preparação da amostra: No caso dos testes à esquistossomose, as amostras incluem normalmente soro ou plasma do doente, que podem conter anticorpos específicos dos antigénios do Schistosoma.
2. Preparação do antigénio: Os antigénios derivados de Schistosoma spp. são separados por SDS-PAGE e transferidos para uma membrana como parte do procedimento Western blot.
3. Sondagem com amostras de pacientes: Os antigénios de Schistosoma preparados na membrana são sondados com o soro ou plasma do doente. Se o doente tiver sido infetado com Schistosoma, a sua amostra pode conter anticorpos que se ligam especificamente a estes antigénios.
4. Deteção: Após os passos de incubação dos anticorpos primários e secundários, quaisquer

interações específicas entre os anticorpos do doente e os antigénios do Schistosoma podem ser visualizadas utilizando um método de deteção como a quimioluminescência. Este padrão de deteção pode ajudar a identificar a presença de anticorpos contra o Schistosoma na amostra do doente.

5. Interpretação: Os resultados do Western blot são então analisados com base na presença ou ausência de bandas de anticorpos específicos que correspondem a antigénios do Schistosoma. A interpretação dos resultados deve ser feita em conjunto com informações clínicas e possivelmente outros testes de diagnóstico para confirmar o diagnóstico de esquistossomose. (Lin et al, 2017)

VANTAGENS DA WESTERN BLOTTING

1. Deteção de proteínas: O Western blotting permite a deteção específica de proteínas com base no seu peso molecular e propriedades antigénicas.
2. Sensibilidade: Trata-se de uma técnica altamente sensível, capaz de detetar níveis muito baixos de proteínas numa amostra.
3. Especificidade: O Western blotting pode diferenciar entre proteínas com pesos moleculares semelhantes, oferecendo uma elevada especificidade.
4. Quantificação: Através da análise densitométrica, a Western blotting permite uma análise semi-quantitativa ou quantitativa dos níveis proteicos.
5. Compatibilidade: É compatível com vários tipos de amostras, incluindo lisados de células, extractos de tecidos e fluidos biológicos. (Lao et al. 2017)

Desvantagens do Western Blotting:

1. Demora: O Western blotting pode ser um processo moroso em comparação com outros métodos de deteção de proteínas.
2. Trabalho intensivo: A técnica envolve várias etapas e requer um manuseamento cuidadoso, o que a torna trabalhosa.
3. Subjetividade: A interpretação dos resultados de Western blot pode por vezes ser subjectiva, especialmente quando se analisam bandas de tamanho próximo.
4. Potencial de variabilidade: Pode ocorrer variabilidade nos resultados devido a diferenças na preparação da amostra, nas condições de eletroforese ou na eficiência da transferência.
5. Rendimento limitado: O Western blotting não é ideal para análises de alto rendimento devido ao tempo e esforço necessários para cada amostra. (Lao et al. 2017)

O Western blotting nos testes da esquistossomose pode ajudar a fornecer informações mais específicas em comparação com os métodos de diagnóstico tradicionais, como o ELISA (Enzyme-Linked Immunosorbent Assay). Permite a deteção de uma gama mais ampla de anticorpos e pode potencialmente diferenciar entre infeção ativa e exposição anterior ao parasita.

2.4 CROMATOGRAFIA LÍQUIDA

A cromatografia líquida é uma técnica de química analítica que combina as capacidades de separação física da cromatografia líquida com as capacidades de análise de massa da espetrometria de massa. Aplicação da cromatografia líquida no contexto da análise de proteínas associadas aos parasitas Schistosoma:

1. Análise proteómica: A LC acoplada à espetrometria de massa (LC-MS/MS) é amplamente utilizada para a análise proteómica de proteínas de Schistosoma. Nesta abordagem, as proteínas extraídas dos parasitas Schistosoma ou dos tecidos infectados do hospedeiro são digeridas em péptidos, que são depois separados por LC com base nas suas propriedades físico-químicas, como a hidrofobicidade e o tamanho. Os péptidos separados são subsequentemente ionizados e analisados por MS para identificar e quantificar proteínas individuais. A LC-MS/MS permite uma caraterização abrangente do proteoma do Schistosoma, facilitando a identificação de proteínas envolvidas na biologia do parasita, nas interações hospedeiro-parasita e na patogénese da doença.
2. Caracterização das modificações das proteínas: A LC também é utilizada para a caraterização de modificações pós-traducionais (PTMs) de proteínas de Schistosoma. As PTMs desempenham papéis críticos na regulação da função proteica e podem afetar a virulência do parasita, a resistência aos medicamentos e a evasão imunitária do hospedeiro. As abordagens baseadas em LC-MS permitem aos investigadores identificar e quantificar várias PTMs, incluindo a fosforilação, a glicosilação e a acetilação, fornecendo informações sobre o significado funcional destas modificações na biologia e patogénese do Schistosoma.
3. Proteómica comparativa: As técnicas proteómicas baseadas em LC são utilizadas para a análise comparativa dos perfis de expressão de proteínas entre diferentes fases do ciclo de vida do Schistosoma, estirpes ou condições de tratamento. Ao comparar os níveis de abundância de proteínas em diferentes amostras, os investigadores podem identificar proteínas que são diferencialmente expressas em resposta a sinais ambientais, exposição a medicamentos ou pressão imunitária do hospedeiro. Estas proteínas diferencialmente expressas podem servir como potenciais biomarcadores para o diagnóstico da doença, prognóstico e monitorização do tratamento da esquistossomose.
4. Proteómica orientada: Para além da análise proteómica global, a LC é utilizada em abordagens proteómicas orientadas para quantificar proteínas específicas ou modificações proteicas de interesse em amostras de Schistosoma. Os métodos LC-MS orientados, como a monitorização de reacções selecionadas (SRM) ou a monitorização de reacções paralelas (PRM), oferecem uma elevada sensibilidade e especificidade para a quantificação exacta de proteínas alvo, permitindo aos investigadores validar biomarcadores candidatos ou monitorizar alterações na expressão de proteínas associadas à progressão da doença ou à resposta ao tratamento.

5. Descoberta e desenvolvimento de medicamentos: As técnicas baseadas em LC, tais como a cromatografia líquida de alto desempenho (HPLC) e a cromatografia líquida de ultra-alto desempenho (UHPLC), são amplamente utilizadas na seleção de bibliotecas de compostos para potenciais agentes anti-Schistosoma. A LC permite a análise rápida e sensível de candidatos a medicamentos, facilitando a identificação de compostos líderes com perfis farmacológicos promissores.
6. Estudos farmacocinéticos: LC acoplado à espetrometria de massa (LC-MS) fornece

métodos robustos para estudar a farmacocinética de medicamentos anti-Schistosoma. Ao quantificar as concentrações de fármacos em amostras biológicas, a LC-MS permite aos investigadores determinar os perfis de absorção, distribuição, metabolismo e excreção de fármacos, orientando a otimização da dose e os regimes de tratamento.

7. Descoberta de biomarcadores: As abordagens proteómicas e metabolómicas baseadas em LC oferecem conhecimentos sobre as interações hospedeiro-parasita e a patogénese da doença na esquistossomose. Ao traçar o perfil das alterações na expressão de proteínas ou nos níveis de metabolitos, a LC facilita a identificação de biomarcadores associados à progressão da doença, à resposta ao tratamento e à resistência aos medicamentos, ajudando no desenvolvimento de estratégias terapêuticas personalizadas. (McManus et al. 2020)

2.5 CROMATOGRAFIA LÍQUIDA E A SUA COMPATIBILIDADE COM A ESPECTROMETRIA DE MASSA

A compatibilidade da espetrometria de massa (MS) com a cromatografia líquida (LC) é fundamental para a química analítica moderna, particularmente em domínios como a proteómica, a metabolómica, a análise farmacêutica, a monitorização ambiental e o diagnóstico clínico. Esta compatibilidade resulta da natureza complementar destas técnicas, em que a LC serve como método de separação e a MS como método de deteção e identificação. A espetrometria de massa (MS) e a cromatografia líquida (LC) são duas técnicas analíticas poderosas que são frequentemente utilizadas em conjunto para a separação, identificação e quantificação de moléculas em amostras complexas. Aqui está um pormenor extenso sobre a compatibilidade e comparabilidade entre MS e LC:

1. Sinergia de LC e MS:

- Poder de separação da LC: A cromatografia líquida (LC) proporciona uma excelente separação de misturas complexas com base em várias propriedades físico-químicas, como a polaridade, o tamanho, a carga e a afinidade. A LC separa os analitos antes da análise MS, reduzindo a complexidade da amostra e melhorando a deteção de compostos de baixa abundância.
- Sensibilidade e seletividade da MS: A espetrometria de massa (MS) oferece uma elevada sensibilidade e seletividade para a deteção e identificação de analitos com base na sua relação massa/carga (m/z) e padrões de fragmentação. A MS permite a deteção de compostos de nível vestigial e fornece informações estruturais sobre os analitos, aumentando a confiança na identificação dos compostos.

2. Técnicas de acoplamento:

- Interface LC-MS: Os sistemas LC e MS são acoplados através de uma interface, na qual as substâncias a analisar separadas por LC são introduzidas no instrumento MS para deteção e análise. São utilizados diferentes tipos de interfaces, como a ionização por electrospray (ESI) e a ionização química à pressão atmosférica (APCI), dependendo da natureza das substâncias a analisar e do instrumento de MS.

- Transferência eficiente: A interface assegura a transferência eficiente de analitos da coluna LC para a fonte de ionização MS, mantendo a integridade dos compostos separados e minimizando a perda ou degradação da amostra.

3. Integração do fluxo de trabalho:

- Desenvolvimento de métodos LC: Os métodos LC são desenvolvidos para otimizar a separação de analitos com base nas suas propriedades, como o tempo de retenção e a resolução de picos. Parâmetros como o tipo de coluna, a composição da fase móvel e as condições do gradiente são optimizados para obter a separação desejada.
- Configuração de instrumentos MS: Os instrumentos MS são configurados com base nos analitos de interesse, com parâmetros como o modo de ionização (positivo ou negativo), o intervalo de varrimento e a energia de colisão optimizados para uma deteção e identificação ideais.

4. Aplicações:

- Proteómica e Metabolómica: A LC-MS é amplamente utilizada em proteómica e metabolómica para a análise exaustiva de proteínas e metabolitos em amostras biológicas. A LC separa misturas complexas de péptidos ou metabolitos, que são depois ionizados e analisados por MS para identificação e quantificação.
- Análise farmacêutica: A LC-MS é amplamente utilizada na análise farmacêutica para a descoberta de medicamentos, estudos farmacocinéticos, caraterização de impurezas e controlo de qualidade. A LC separa os compostos e metabolitos dos medicamentos, que são depois analisados por MS para elucidação estrutural e quantificação.
- Monitorização ambiental: A LC-MS é utilizada na monitorização ambiental para a análise de poluentes, pesticidas e contaminantes em amostras de ar, água, solo e alimentos. A LC separa os analitos alvo, que são depois detectados e quantificados por MS, permitindo a conformidade regulamentar e a avaliação de riscos.

5. Avanços e desafios:

- Avanços: Os recentes avanços na tecnologia LC-MS, tais como MS de alta resolução, MS em tandem (MS/MS) e técnicas hifenizadas (por exemplo, LC-MS/MS e LC-MS/MS/MS), melhoraram as capacidades destas técnicas para a análise de amostras complexas e a identificação de compostos.
- Desafios: Os desafios na análise LC-MS incluem o desenvolvimento de métodos, a otimização de instrumentos, o processamento de dados e a interpretação. Além disso, os efeitos da matriz, a supressão/reforço de iões e a variabilidade da preparação da amostra podem afetar a exatidão e a reprodutibilidade dos resultados da LC-MS. (Aebersol, et al. 2016 e Dunn, et al. 2005)

COMPARABILIDADE DA CROMATOGRAFIA LÍQUIDA E DA ESPECTROMETRIA DE MASSA

1. Princípios de funcionamento:

- Espectrometria de massa (MS): A MS mede a relação massa/carga (m/z) dos iões para determinar a composição molecular dos analitos. Envolve a ionização de moléculas e, em seguida, a sua separação e deteção com base na sua massa e carga. Diferentes técnicas de ionização, tais como pode ser utilizada a ionização por electrospray (ESI) e a dessorção/ionização por laser assistida por matriz (MALDI).
- Cromatografia líquida (LC): A LC separa misturas de compostos com base nas suas interações com uma fase estacionária e uma fase móvel. Na cromatografia líquida, a fase móvel transporta a amostra através da fase estacionária, e os componentes da amostra interagem de forma diferente com a fase estacionária, causando a separação com base em propriedades como polaridade, tamanho ou carga. (Aebersold, et al. 2016 e Lee, et al. 2019)

2. Poder de separação:

- MS: Embora a MS possa fornecer medições de massa de alta resolução, não oferece separação com base em propriedades químicas. Em vez disso, a MS depende da separação prévia dos analitos, frequentemente conseguida através de técnicas como LC, cromatografia gasosa (GC) ou eletroforese capilar (CE).
- LC: A LC proporciona um excelente poder de separação, permitindo a resolução de misturas complexas de compostos com base em várias propriedades físico-químicas, como a polaridade, o tamanho, a carga e a afinidade. Pode separar analitos que têm massas semelhantes mas propriedades químicas diferentes. (Aebersold, et al. 2016 e Lee, et al. 2019)

3. Sensibilidade de deteção:

- MS: O MS tem um elevado grau de sensibilidade e pode encontrar analitos em concentrações muito baixas, frequentemente na gama de picogramas ou mesmo femtogramas. Devido à sua elevada sensibilidade, a MS é perfeita para analisar componentes ao nível de vestígios em amostras complicadas.
- LC: A técnica de deteção (como UV, fluorescência ou MS) é o que determina a sensibilidade do LC. Os analitos de baixa abundância em matrizes complexas podem ser identificados e quantificados através do acoplamento da LC com a MS, o que aumenta a sensibilidade de deteção, embora a LC por si só possa nem sempre oferecer o mesmo nível de sensibilidade que a MS. (Aebersold, et al. 2016 e Lee, et al. 2019)

4. Exatidão e precisão da quantificação:

- MS: A MS pode fornecer uma quantificação exacta e precisa de analitos, especialmente quando associada a técnicas de marcação isotópica estável ou a padrões internos. A espetrometria de massa de diluição isotópica (IDMS) é uma abordagem comum para a quantificação absoluta utilizando MS.
- LC: Os métodos de quantificação baseados em LC, como a integração da área do pico, podem fornecer uma quantificação exacta e precisa dos analitos. No entanto, factores como os efeitos da matriz e a estabilidade do analito podem afetar a precisão da quantificação em

análises LC. (Aebersold, et al. 2016 e Lee, et al. 2019)

5. Identificação do analito:

- MS: A MS é amplamente utilizada para a identificação de analitos com base nos seus espectros de massa, padrões de fragmentação e pesos moleculares. Técnicas como a MS em tandem (MS/MS) e a MS de alta resolução permitem a identificação segura de compostos desconhecidos.
- LC: A LC, por si só, não fornece informações específicas sobre a identidade do analito. No entanto, quando associado ao MS, o LC facilita a identificação de analitos com base nos seus tempos de retenção, espectros de massa e padrões de fragmentação, oferecendo informações completas sobre a identidade do composto. (Makarov 2000)

6. Aplicações:

- MS: A MS é utilizada numa vasta gama de aplicações, incluindo proteómica, metabolómica, lipidómica, análise ambiental, análise farmacêutica e ciência forense.
- LC: O LC é também utilizado em vários domínios, incluindo a análise farmacêutica, a monitorização ambiental, a análise alimentar, o diagnóstico clínico e a investigação bioquímica. Quando associado ao MS, o LC é particularmente valioso na análise de amostras biológicas complexas e na identificação de biomarcadores.

A MS e a LC são técnicas complementares que oferecem vantagens distintas e são frequentemente utilizadas em conjunto para uma análise abrangente em domínios como a proteómica, a metabolómica e a descoberta de medicamentos. Enquanto a MS proporciona uma deteção sensível e uma identificação precisa dos analitos, a LC oferece um excelente poder de separação, permitindo a análise de misturas complexas. O acoplamento de MS com LC melhora as capacidades de ambas as técnicas, permitindo uma análise e caraterização abrangentes de analitos em diversos tipos de amostras. (Lu, et al. 2020)

CAPÍTULO TRÊS

3.1 PERFILAGEM DO PROTEOMA

A caraterização do proteoma é o estudo em grande escala das proteínas expressas por uma célula, tecido ou organismo num determinado momento e em condições específicas. Envolve a identificação, quantificação e caraterização de todo o conjunto de proteínas (proteoma) presentes numa amostra biológica. Técnicas como a espetrometria de massa e os microarranjos de proteínas são habitualmente utilizadas para a caraterização do proteoma, a fim de obter informações sobre processos celulares, mecanismos de doença e descoberta de biomarcadores. (Leutner, et al. 2013)

A caraterização do proteoma tem por objetivo proporcionar uma compreensão global dos padrões de expressão das proteínas, das interações proteína-proteína, das modificações pós-traducionais e da abundância de proteínas num sistema biológico. Esta análise pode ser efectuada utilizando várias técnicas, como a espetrometria de massa, microarrays de proteínas e ensaios baseados em anticorpos. (Achsar, et al. 2017)

O processo de determinação do perfil do proteoma envolve normalmente as seguintes etapas:

1. Preparação da amostra: A amostra biológica de interesse, como células, tecidos ou fluidos corporais, é recolhida e processada para extrair proteínas. Isto pode envolver lise celular, extração de proteínas e passos de purificação.

2. Separação de proteínas: As proteínas extraídas são separadas com base nas suas propriedades físico-químicas, como o tamanho, a carga e a hidrofobicidade. As técnicas comuns de separação de proteínas incluem a eletroforese em gel (por exemplo, SDS-PAGE), a cromatografia líquida (por exemplo, HPLC) e a eletroforese capilar.

3. Identificação de proteínas: As proteínas separadas são submetidas a uma análise proteómica para identificar as proteínas individuais. A espetrometria de massa é uma técnica amplamente utilizada para a identificação de proteínas, em que as proteínas são digeridas em péptidos e analisadas por espectrómetros de massa para determinar as suas sequências de aminoácidos.

4. Análise de dados: Os dados proteómicos gerados são analisados utilizando ferramentas de bioinformática e bases de dados para identificar proteínas, caraterizar as suas funções e elucidar o seu papel nos processos biológicos.

A caraterização do proteoma tem inúmeras aplicações em vários domínios, incluindo a investigação biomédica, a descoberta de medicamentos, a identificação de biomarcadores e a compreensão dos mecanismos das doenças. Fornece informações valiosas sobre a dinâmica complexa da expressão e das interações das proteínas, contribuindo para uma compreensão mais profunda dos processos celulares e das patologias das doenças. (Munday, et al. 2011)

ANÁLISE COMPARATIVA DOS PROTEOMAS HOSPEDEIRO-PARASITA

A análise comparativa dos proteomas hospedeiro-parasita envolve o estudo e a comparação das proteínas expressas tanto pelo hospedeiro como pelo parasita durante a infeção que, neste caso, o parasita em questão é o schistsoma. Esta abordagem permite compreender os mecanismos moleculares subjacentes às interações hospedeiro-parasita e pode revelar diferenças e semelhanças fundamentais entre diferentes sistemas hospedeiro-parasita. A análise dos proteomas hospedeiro-parasita pode ser efectuada de acordo com estes procedimentos:

1. Identificação de proteínas diferencialmente expressas:

A análise proteómica comparativa permite a identificação de proteínas que são diferencialmente expressas entre hospedeiros infectados e não infectados, bem como entre diferentes fases da infeção pelo parasita. Comparando os proteomas de hospedeiros infectados e não infectados, os investigadores podem identificar proteínas do hospedeiro que são especificamente induzidas ou suprimidas em resposta à infeção, bem como proteínas do parasita que são ativamente expressas durante a infeção.

2. Caracterização da resposta imunitária do hospedeiro:

A análise comparativa dos proteomas hospedeiro-parasita pode revelar a resposta imunitária do hospedeiro à infeção, identificando proteínas envolvidas na sinalização imunitária, inflamação e mecanismos de defesa. Isto inclui a regulação positiva de péptidos antimicrobianos, citocinas, quimiocinas e outras proteínas relacionadas com o sistema imunitário em resposta à invasão do parasita.

3. Descoberta de factores de virulência de parasitas:

Ao comparar os proteomas de diferentes estirpes ou espécies de parasitas com diferentes graus de virulência, os investigadores podem identificar as proteínas associadas à virulência do parasita. Os factores de virulência são proteínas que permitem que os parasitas escapem às defesas imunitárias do hospedeiro, manipulem os processos celulares do hospedeiro e causem doenças.

4. Elucidação das interações entre o hospedeiro e o parasita:

A análise comparativa dos proteomas hospedeiro-parasita pode elucidar interações específicas entre as proteínas do hospedeiro e do parasita. Isto inclui a identificação de proteínas do hospedeiro que são alvo de efectores do parasita, bem como de proteínas do parasita envolvidas na modulação das vias celulares do hospedeiro para promover a infeção e a sobrevivência.

5. Identificação de biomarcadores:

A análise proteómica comparativa pode levar à descoberta de biomarcadores para a infeção por parasitas, a gravidade da doença e a resposta ao tratamento. Os biomarcadores são proteínas cujos níveis de expressão estão correlacionados com estados de doença específicos ou resultados de tratamentos e podem ser utilizados para o diagnóstico, prognóstico e

monitorização da infeção.
6. Desenvolvimento de alvos terapêuticos:

A análise comparativa dos proteomas hospedeiro-parasita pode identificar potenciais alvos terapêuticos para o desenvolvimento de medicamentos e a conceção de vacinas. Estes alvos podem incluir proteínas essenciais do parasita necessárias para a sobrevivência e virulência, bem como proteínas do hospedeiro envolvidas na mediação da resposta imunitária à infeção. (Peng, et al. 2015)

IDENTIFICAÇÃO DAS PRINCIPAIS PROTEÍNAS ENVOLVIDAS NAS INTERACÇÕES

A identificação de proteínas-chave envolvidas nas interações hospedeiro-parasita é um aspeto crucial do estudo e da compreensão dos mecanismos moleculares subjacentes à infeção e à progressão da doença. Para identificar estas proteínas, pode recorrer-se ao seguinte:
1. Proteómica diferencial: A análise comparativa dos proteomas de hospedeiros infectados e não infectados ou de diferentes fases do parasita pode revelar proteínas diferencialmente expressas. Ao identificar as proteínas que são significativamente reguladas para cima ou para baixo na presença do parasita, os investigadores podem identificar as proteínas-chave envolvidas na interação.
2. Co-imunoprecipitação (Co-IP): A Co-IP é uma técnica utilizada para identificar interações proteína-proteína. Utilizando anticorpos específicos para uma proteína de interesse conhecida, os investigadores podem extrair as proteínas em interação de uma mistura complexa. As proteínas extraídas podem então ser identificadas utilizando espetrometria de massa ou outros métodos de identificação de proteínas.

3. Ensaio de dois híbridos de levedura (Y2H): O ensaio Y2H é uma técnica poderosa para identificar interações proteína-proteína. Envolve a fusão da proteína de interesse com um domínio de ligação ao ADN e a potencial proteína de interação com um domínio de ativação da transcrição. A interação entre as duas proteínas leva à ativação de genes repórteres, permitindo a identificação das proteínas que interagem. Purificação por afinidade: Este método envolve a utilização de marcadores de afinidade ou anticorpos específicos para isolar as proteínas envolvidas na interação. Ao purificar os complexos proteicos associados à proteína de interesse do hospedeiro ou do parasita, os investigadores podem identificar as proteínas em interação utilizando a espetrometria de massa ou outras técnicas de identificação de proteínas.
4. Ensaios funcionais: Os ensaios funcionais, como as experiências de interferência de ARN (RNAi) ou de eliminação/knockdown de genes, podem ajudar a determinar o significado funcional de proteínas específicas nas interações hospedeiro-parasita. Ao inibir ou eliminar seletivamente uma proteína de interesse, os investigadores podem observar o impacto na interação e tirar conclusões sobre a sua importância.
5. Previsão bioinformática: As ferramentas bioinformáticas podem ser utilizadas para prever potenciais interações hospedeiro-parasita com base na homologia da sequência de proteínas, motivos estruturais e redes de interação. Estas previsões podem ser validadas experimentalmente utilizando técnicas como ensaios de híbrido duplo de levedura, co-imunoprecipitação e estudos de interação proteína-proteína.

6. Estudos de interação proteína-proteína: Os estudos de interação proteína-proteína, como os ensaios híbridos de duas leveduras, a co-imunoprecipitação e as técnicas de marcação de proximidade, podem ser utilizados para identificar interações físicas entre as proteínas do hospedeiro e do parasita. Estes estudos podem revelar interações diretas envolvidas na adesão, invasão, evasão imunitária e outros aspectos do processo de infeção entre o hospedeiro e o parasita.

7. Abordagens de biologia estrutural: As técnicas de biologia estrutural, como a cristalografia de raios X e a microscopia crioelectrónica, podem ser utilizadas para determinar as estruturas tridimensionais das proteínas do hospedeiro e do parasita envolvidas nas interações hospedeiro-parasita. A informação estrutural pode fornecer conhecimentos sobre a base molecular das interações proteína-proteína e orientar a conceção de terapêuticas que visem estas interações. (Cai, et al. 2016)

Através da integração de múltiplas abordagens experimentais e computacionais, os investigadores podem identificar proteínas-chave envolvidas nas interações hospedeiro-parasita e obter informações sobre os mecanismos moleculares que conduzem à infeção e à doença. Estas proteínas representam alvos potenciais para intervenção terapêutica, incluindo o desenvolvimento de medicamentos, vacinas e ensaios de diagnóstico para doenças parasitárias.

3.2 MAPEAMENTO DA RESPOSTA IMUNITÁRIA

O mapeamento da resposta imunitária refere-se à análise sistemática da resposta imunitária a um determinado agente patogénico, antigénio ou estímulo. Este processo envolve a identificação e caraterização dos vários componentes do sistema imunitário que são activados em resposta ao estímulo, incluindo células imunitárias, moléculas de sinalização e mecanismos efectores. Envolve também a identificação e análise de vários componentes do sistema imunitário, incluindo células imunitárias, anticorpos, citocinas e vias de sinalização, para compreender a dinâmica e os mecanismos da resposta imunitária. O objetivo do mapeamento da resposta imunitária é obter uma compreensão abrangente da forma como o sistema imunitário reconhece e responde a invasores estrangeiros, bem como da forma como estas respostas são reguladas e coordenadas. (Ramachandra, et al. 2019)

O mapeamento da resposta imunitária é essencial para a compreensão dos mecanismos de defesa do hospedeiro contra os agentes patogénicos, bem como para o desenvolvimento de vacinas, imunoterapias e diagnósticos para doenças infecciosas, doenças auto-imunes, cancro e outras condições que envolvam desregulação imunitária. As tecnologias avançadas, como a sequenciação de alto rendimento, a espetrometria de massa, a citometria de fluxo e as técnicas de imagiologia, são frequentemente utilizadas para mapear de forma abrangente as respostas imunitárias na saúde e na doença. O mapeamento da resposta imunitária envolve normalmente as seguintes etapas:

1. Deteção de agentes patogénicos: O primeiro passo no mapeamento da resposta imunitária é o reconhecimento e a deteção do agente patogénico pelo sistema imunitário. Isto pode envolver receptores de reconhecimento de padrões (PRRs) nas células imunitárias, como os receptores do tipo Toll (TLRs), que reconhecem padrões moleculares associados a agentes patogénicos (PAMPs). Determinação do agente patogénico, antigénio ou estímulo específico

que desencadeia a resposta imunitária. Pode ser um vírus, uma bactéria, um parasita, um alergénio, um antigénio de vacina ou outra substância imunogénica. (Davis, et al. 2015)

2. Perfil de células imunitárias: Análise dos tipos e quantidades de células imunitárias envolvidas na resposta das células imunitárias à deteção de agentes patogénicos, incluindo linfócitos (células T, células B, células NK), células apresentadoras de antigénios (células dendríticas, macrófagos) e outros leucócitos. 3. O mapeamento da resposta imunitária envolve a caraterização e a definição do perfil das células imunitárias envolvidas na resposta. Isto pode ser feito utilizando técnicas como a citometria de fluxo, que permite a identificação e quantificação de populações específicas de células imunitárias com base em marcadores de superfície. (Davis, et al. 2015)

3. Análise de citocinas e quimiocinas: As citocinas desempenham um papel crucial na sinalização e coordenação imunitária. O mapeamento do perfil de citocinas pode envolver a medição de várias citocinas e quimiocinas libertadas durante a resposta imunitária. Para o efeito, podem ser utilizadas técnicas como o ensaio de imunoabsorção enzimática (ELISA) ou ensaios multiplex. Medição da produção e libertação de citocinas, quimiocinas e outras moléculas de sinalização que regulam a função das células imunitárias e a inflamação. (Pulendran, et al. 2020)

4. Perfil de anticorpos: O mapeamento da resposta dos anticorpos é um aspeto importante do mapeamento da resposta imunitária. Isto pode envolver a medição dos títulos de anticorpos, a identificação dos isótipos de anticorpos e a caraterização da especificidade e afinidade dos anticorpos produzidos. Identificação e quantificação de anticorpos específicos do antigénio produzidos pelas células B em resposta ao estímulo.

Isto pode incluir a determinação de isótipos de anticorpos, afinidade e atividade neutralizante. (Davis, et al. 2015)

5. Vias de Sinalização Imunitária: Investigar a ativação das vias de sinalização intracelular envolvidas na ativação, proliferação, diferenciação e função efectora das células imunitárias. (Davis, et al. 2015)

6. Respostas de tecidos e órgãos: Avaliar o impacto da resposta imunitária nos tecidos e órgãos, incluindo inflamação, danos nos tecidos e mecanismos de reparação. (Davis, et al. 2015)

7. Dinâmica temporal: Examinar a forma como a resposta imunitária evolui ao longo do tempo, desde o reconhecimento inicial do estímulo até à fase de resolução e ao estabelecimento da memória imunológica. (Davis, et al. 2015)

8. Análise transcriptómica e proteómica: Para obter uma compreensão abrangente da resposta imunitária, pode ser realizada uma análise transcriptómica e proteómica. Esta análise envolve o estudo dos padrões de expressão dos genes e dos perfis proteicos nas células e tecidos imunitários durante a resposta imunitária. Para o efeito, podem ser utilizadas técnicas como a sequenciação de ARN (RNA-seq) e a espetrometria de massa. (Davis, et al. 2015)

IMPORTÂNCIA DO MAPEAMENTO DA RESPOSTA IMUNITÁRIA NO DESENVOLVIMENTO DE VACINAS

O mapeamento da resposta imunitária é crucial no desenvolvimento de vacinas, uma vez que ajuda os investigadores a compreender como o sistema imunitário responde a diferentes agentes patogénicos ou vacinas candidatas. Ao estudar as respostas imunitárias específicas desencadeadas por várias vacinas candidatas, os investigadores podem identificar quais os componentes que são eficazes na obtenção de imunidade protetora. Esta informação orienta a seleção das vacinas candidatas mais promissoras para posterior desenvolvimento e teste. O mapeamento da resposta imunitária pode envolver técnicas como a identificação de anticorpos específicos do antigénio, a medição das respostas das células T e a avaliação dos perfis de citocinas para avaliar a eficácia das vacinas candidatas. De um modo geral, desempenha um papel fundamental na identificação de potenciais vacinas candidatas que possam induzir respostas imunitárias robustas e protectoras. Abaixo está a forma como o mapeamento da resposta imunitária se aplica a este processo:

1. Identificação de proteínas imunogénicas: O mapeamento da resposta imunitária ajuda a identificar proteínas ou antigénios específicos do agente patogénico que podem provocar uma resposta imunitária. Isto pode ser feito através de técnicas como a proteómica, em que as proteínas expressas pelo agente patogénico são analisadas, ou através do estudo da resposta do sistema imunitário do hospedeiro ao agente patogénico.
2. Caracterização das respostas imunitárias: O mapeamento da resposta imunitária permite aos investigadores compreender as respostas imunitárias desencadeadas pelo agente patogénico. Isto inclui a identificação dos tipos de células imunitárias envolvidas, as citocinas e quimiocinas libertadas e as vias de sinalização activadas. Esta informação ajuda a determinar o tipo de resposta imunitária necessária para a proteção contra o agente patogénico.
3. Avaliação dos correlatos imunitários de proteção: O mapeamento da resposta imunitária ajuda a identificar marcadores imunitários ou correlatos de proteção, que são respostas imunitárias específicas associadas à proteção contra o agente patogénico. Ao estudar indivíduos que foram imunizados com sucesso ou infectados naturalmente, os investigadores podem identificar marcadores imunitários que se correlacionam com a proteção. Estes marcadores podem orientar o desenvolvimento de vacinas candidatas, indicando as respostas imunitárias que se pretende induzir.
4. Seleção de vacinas candidatas: Os dados de mapeamento da resposta imunitária podem ser utilizados para selecionar e dar prioridade a potenciais vacinas candidatas. As proteínas ou antigénios que provocam respostas imunitárias fortes e específicas, e que estão associados à proteção, são considerados como potenciais alvos de vacinas. Estes candidatos podem ser posteriormente avaliados em estudos pré-clínicos e clínicos para avaliar a sua segurança e eficácia como vacinas. (Swartz, et al. 2012)

3.3 EFEITOS A LONGO PRAZO DA ESQUISTOSSOMOSE NÃO TRATADA

Sem tratamento, as infecções prolongadas por Schistosoma podem ter efeitos graves e potencialmente fatais em vários sistemas de órgãos do corpo. Segue-se uma visão geral de alguns dos efeitos da esquistossomose crónica não tratada

1. Complicações do trato urinário: No caso da infeção por Schistosoma haematobium, o envolvimento crónico do trato urinário pode levar a sintomas como hematúria (sangue na urina), disúria (micção dolorosa), frequência urinária e obstrução urinária. Com o tempo, as infecções não tratadas podem resultar em espessamento da parede da bexiga, calcificação e, potencialmente, carcinoma de células escamosas da bexiga. (Rollinson, et al. 2009)
2. Complicações intestinais: As infecções por Schistosoma mansoni e Schistosoma japonicum podem causar esquistossomose intestinal, levando a sintomas como dor abdominal,

diarreia, fezes com sangue e desnutrição. A infeção crónica pode resultar em inflamação intestinal, fibrose e, potencialmente, levar a complicações como a polipose do cólon e o cancro colorrectal. (OMS, 2016)

3. Complicações hepáticas: Tanto as infecções por Schistosoma mansoni como por Schistosoma japonicum podem causar esquistossomose hepática, levando a patologia hepática como fibrose periportal, hipertensão portal, ascite e, eventualmente, cirrose hepática. As infecções não tratadas a longo prazo podem evoluir para esquistossomose hepatoesplénica, caracterizada por esplenomegalia, varizes esofágicas e um risco acrescido de carcinoma hepatocelular. (CDC, 2019)

4. Complicações genitais: Para além do cancro da bexiga no caso da infeção por Schistosoma haematobium, o envolvimento crónico dos órgãos genitais pode levar a complicações como a esquistossomose genital feminina, que se pode manifestar como lesões genitais, dor durante a relação sexual e infertilidade. (Fitzpatrick, et al. 2017)

5. Efeitos sistémicos: A esquistossomose crónica pode levar a sintomas sistémicos como fadiga, fraqueza, anemia e atraso no crescimento em crianças. A resposta inflamatória crónica desencadeada pela presença de ovos de Schistosoma nos tecidos pode também contribuir para reacções auto-imunes e aumentar potencialmente o risco de desenvolver outras doenças. (Fitzpatrick, et al. 2017)

Em geral, a esquistossomose de longa duração não tratada pode resultar em morbilidade significativa e mesmo mortalidade devido aos danos progressivos e às complicações associadas à infeção crónica. A deteção precoce, o tratamento imediato com medicamentos antiparasitários e o controlo das complicações são essenciais para prevenir as sequelas da doença a longo prazo.

RELAÇÃO DA ESQUISTOSSOMOSE COM O CANCRO

A esquistossomose está associada a um risco acrescido de desenvolver vários tipos de cancro, sendo o cancro da bexiga o mais comum. A infeção crónica por Schistosoma spp. tem sido associada a um risco acrescido de desenvolvimento de certos tipos de cancro, nomeadamente o cancro da bexiga (carcinoma urotelial) e o carcinoma hepatocelular (cancro do fígado). Seguem-se alguns exemplos de cancros que podem ser causados pela schistosomíase:

1. Cancro da bexiga: A inflamação crónica e a irritação da bexiga causadas pelos ovos de Schistosoma haematobium podem levar ao desenvolvimento de cancro da bexiga. Os indivíduos com infecções de longa data por Schistosoma haematobium correm um risco acrescido de desenvolver carcinoma de células escamosas da bexiga. (Betelho, et al. 2020)

2. Cancro colorrectal: A infeção por Schistosoma mansoni tem sido associada a um risco acrescido de desenvolver cancro colorrectal. A inflamação crónica e a fibrose causadas pelos ovos do parasita no cólon podem contribuir para o desenvolvimento do cancro colorrectal ao longo do tempo. (Pakpahan, et al. 2020 e Zhang, et al. 2014)

3. Cancro do fígado: As infecções por Schistosoma mansoni e Schistosoma japonicum estão associadas a um risco acrescido de desenvolver cancro do fígado, especificamente carcinoma hepatocelular. A infeção crónica por estes parasitas pode levar a fibrose hepática, cirrose e, eventualmente, ao desenvolvimento de cancro do fígado. (Cheever, et al. 2018)

4. Cancro da próstata: Alguns estudos sugeriram uma potencial ligação entre a infeção por Schistosoma haematobium e um risco acrescido de desenvolver cancro da próstata. A

inflamação crónica e a formação de granulomas na próstata devido aos ovos do parasita podem contribuir para o desenvolvimento do cancro da próstata. (Zaghloul, (2020)

CONHECIMENTOS SOBRE A EXPRESSÃO E AS FUNÇÕES DE PROTEÍNAS ESPECÍFICAS DE CADA FASE.

A expressão de proteínas específicas da fase refere-se ao fenómeno em que certas proteínas são expressas de forma única ou altamente abundantes durante fases específicas do desenvolvimento do ciclo de vida de um organismo. (Domon e Aebersold, 2006). No contexto dos parasitas, a compreensão da expressão proteica específica da fase é essencial para compreender os mecanismos moleculares subjacentes a cada fase do desenvolvimento do parasita e as suas interações com o hospedeiro. Apresenta-se de seguida a forma como a expressão proteica específica de cada fase é estudada e o seu significado:

1. Análise proteómica: Os investigadores utilizam técnicas proteómicas, como a espetrometria de massa e a eletroforese em gel 2D, para identificar e quantificar as proteínas expressas em diferentes fases do ciclo de vida do parasita. Esta abordagem fornece uma visão global do proteoma do parasita e revela padrões de expressão proteica específicos de cada fase. (Aebersold e Mann, 2016)

2. Perfil transcriptómico: Os estudos transcriptómicos, incluindo a sequenciação de ARN (RNA-seq) e a análise de microarranjos, complementam os dados proteómicos, identificando genes que são transcritivamente activos em fases específicas. Comparando os perfis transcriptómicos entre fases, os investigadores podem descobrir genes que são regulados para cima ou para baixo durante o desenvolvimento. (Nesivizhskii, et al. 2014)
3. Imunohistoquímica e Imunofluorescência: As técnicas de imunocoloração permitem aos investigadores visualizar a distribuição espacial das proteínas nas células ou tecidos do parasita. Através da coloração de proteínas específicas, os investigadores podem determinar a sua localização e abundância em diferentes fases de desenvolvimento. (Nesivizhskii, et al. 2014)
4. Análise da expressão de genes: A PCR quantitativa (qPCR) e as técnicas de hibridação in situ permitem aos investigadores quantificar os níveis de expressão de genes específicos em diferentes fases de desenvolvimento. Esta abordagem ajuda a validar os dados transcriptómicos e fornece informações sobre os padrões de expressão de genes específicos de cada fase. (Aebersold e Mann, 2016)
5. Caracterização funcional: Os estudos funcionais, como as experiências de nocaute ou superexpressão de genes, elucidam o papel das proteínas específicas de cada estágio na biologia do parasita. Análises fenotípicas de parasitas geneticamente modificados ajudam a decifrar o significado funcional dessas proteínas durante diferentes estágios de desenvolvimento. (Nesivizhskii, et al. 2014)
6. Interações entre o hospedeiro e o parasita: As proteínas específicas do estádio podem mediar as interações entre o parasita e o seu hospedeiro, influenciando o resultado da infeção. A compreensão dos papéis destas proteínas nas interações hospedeiro-parasita é crucial para elucidar os mecanismos de patogénese e evasão imunitária. (Nesivizhskii, et al. 2014)

7. Alvos de medicamentos e candidatos a vacinas: As proteínas específicas dos estádios que são essenciais para a sobrevivência ou virulência do parasita representam potenciais alvos de medicamentos para intervenção terapêutica. Além disso, as proteínas expressas na superfície dos parasitas durante estádios específicos podem servir como candidatos a vacinas para induzir respostas imunitárias protectoras. (Zhang, et al. 2014)

8. Caracterização funcional: Ao analisar as proteínas identificadas, os investigadores podem inferir as suas potenciais funções e papéis em diferentes fases da vida. Isto pode fornecer informações sobre os processos biológicos e as vias que estão activas durante fases específicas, como o crescimento, o desenvolvimento, a reprodução ou a interação com o hospedeiro. (Zhang, et al. 2014)

9. Descoberta de biomarcadores: A análise proteómica pode ajudar a identificar proteínas específicas da fase que podem servir como potenciais biomarcadores para fins de diagnóstico. Estes biomarcadores podem ser utilizados para diferenciar entre diferentes fases da vida ou para monitorizar a progressão da infeção. (Zhang, et al. 2014)

10. Percepções evolutivas: A comparação dos proteomas de diferentes fases de vida de um parasita pode fornecer informações sobre as adaptações evolutivas que ocorreram ao longo do tempo. A compreensão de como os padrões de expressão proteica mudam entre as fases pode esclarecer as estratégias de sobrevivência e reprodução do parasita. (Zhang, et al. 2014)

No contexto da esquistossomose, a análise proteómica de diferentes fases da vida do parasita Schistosoma pode fornecer informações valiosas sobre a expressão e as funções de proteínas específicas de cada fase. Seguem-se algumas informações específicas que podem ser obtidas:

1. Identificação de proteínas relacionadas com a invasão do hospedeiro: A análise proteómica pode identificar proteínas que são especificamente expressas ou aumentadas na fase de cercárias, que é a fase infecciosa do parasita. Estas proteínas estão envolvidas na penetração do parasita através da pele e na sua interação inicial com o sistema imunitário do hospedeiro.

2. Caracterização dos mecanismos de evasão imunitária: A análise proteómica das proteínas do esquistossoma expressas durante a fase adulta pode esclarecer os mecanismos utilizados pelo parasita para escapar à resposta imunitária do hospedeiro. Ao identificar proteínas envolvidas na modulação imunitária ou factores imunomoduladores segregados pelo parasita, os investigadores podem obter informações sobre as estratégias utilizadas pelo parasita para estabelecer infecções crónicas.

3. Descoberta de potenciais alvos de medicamentos: A análise proteómica pode identificar proteínas específicas da fase que são essenciais para a sobrevivência e reprodução do parasita. Estas proteínas podem servir como potenciais alvos para o desenvolvimento de novos medicamentos ou vacinas contra a esquistossomose.

4. Compreender a biologia reprodutiva: Os esquistossomas são parasitas dióicos com indivíduos masculinos e femininos distintos. A análise proteómica dos órgãos reprodutivos e das células do parasita pode fornecer informações sobre as proteínas envolvidas nos processos reprodutivos, incluindo a produção de ovos e o acasalamento. (Sotillo, et al. 2015)

CAPÍTULO QUATRO

4.1 RASTREIO PROTEÓMICO DE POTENCIAIS ALVOS DE MEDICAMENTOS EM PARASITAS DE SCHISTOSOMA

O rastreio proteómico de potenciais alvos de medicamentos em parasitas Schistosoma envolve a análise exaustiva do proteoma do parasita para identificar proteínas que são essenciais para a sua sobrevivência, desenvolvimento e patogénese. Segue-se a forma como este processo é normalmente efectuado:

1. Colheita de amostras e extração de proteínas: As amostras de parasitas são colhidas de hospedeiros infectados, normalmente Schistosoma mansoni, Schistosoma haematobium ou Schistosoma japonicum. As proteínas são depois extraídas das amostras recolhidas utilizando técnicas como a homogeneização e a centrifugação.
2. Identificação de proteínas essenciais: A análise proteómica pode identificar proteínas que são essenciais para a sobrevivência e reprodução dos parasitas do schistosoma. Estas proteínas são alvos potenciais para a intervenção de medicamentos, uma vez que a inibição da sua função pode interromper o ciclo de vida do parasita e levar à sua eliminação. Comparando os perfis proteómicos de amostras de parasitas tratados com fármacos e não tratados, os investigadores podem identificar proteínas que mostram alterações significativas nos níveis de expressão após o tratamento com fármacos e que podem representar potenciais alvos de fármacos.
3. Identificação de proteínas expressas diferencialmente: Ao comparar os perfis proteómicos de amostras de parasitas tratados com medicamentos e não tratados, os investigadores podem identificar proteínas que são expressas diferencialmente em resposta ao tratamento com medicamentos. As proteínas que apresentam alterações significativas nos níveis de expressão após o tratamento com medicamentos podem representar potenciais alvos de medicamentos.
4. Anotação funcional e análise de vias: As proteínas diferencialmente expressas são anotadas funcionalmente para determinar os seus papéis biológicos e as vias envolvidas. As ferramentas de bioinformática são utilizadas para analisar as interações proteína-proteína, as vias metabólicas e as redes de sinalização associadas à resposta aos medicamentos e à sobrevivência do parasita.
5. Validação de alvos de medicamentos: Os candidatos a alvos de medicamentos identificados através do rastreio proteómico são validados utilizando abordagens experimentais adicionais. Isto pode incluir técnicas de manipulação genética, como a interferência do ARN (ARNi) ou estudos de eliminação de genes para avaliar o impacto da inibição do alvo na viabilidade e patogenicidade do parasita.
6. Priorização de alvos e desenvolvimento de medicamentos: Após a validação, os potenciais alvos de fármacos são priorizados com base em critérios como a essencialidade para a sobrevivência do parasita, a drogabilidade e a especificidade. Os esforços para a descoberta de fármacos-alvo, incluindo o rastreio de alto rendimento de bibliotecas de compostos ou a conceção de fármacos com base na estrutura, são então iniciados para desenvolver novas terapêuticas contra a esquistossomose.
7. Estudos de eficácia in vivo: Os candidatos a fármacos promissores identificados através do rastreio proteómico são posteriormente avaliados em modelos animais de esquistossomose para avaliar a sua eficácia, farmacocinética e perfis de segurança in vivo. Esta avaliação pré-

clínica é essencial para selecionar os compostos principais para o desenvolvimento clínico.

8. Ensaios clínicos: Os compostos principais são avançados para ensaios clínicos para avaliar a sua segurança e eficácia em doentes humanos infectados com parasitas Schistosoma. São realizados ensaios clínicos de fase I, II e III para avaliar a tolerabilidade do medicamento, os regimes de dosagem e os resultados do tratamento em regiões endémicas.

APLICAÇÃO A ALVOS DE MEDICAMENTOS PARA O CONTROLO DA ESQUISTOSSOMOSE

De entre uma série de compostos com eficácia variável, apenas um fármaco, o praziquantel, é atualmente eficaz contra todas as espécies de esquistossomas e desempenha um papel fundamental nos programas de controlo da doença de base populacional na maioria dos países endémicos. O aparecimento de estirpes de esquistossomas resistentes ou tolerantes ao praziquantel foi registado em duas áreas endémicas. Assim, a identificação de potenciais alvos de fármacos para a conceção racional de medicamentos esquistossomicidas da próxima geração deve ser mais enfatizada (Abdulla, et al. 2009). O conjunto de dados integrados do genoma, transcriptoma, proteoma e RNAi contra alguns genes proporciona uma oportunidade única para o desenvolvimento de novas intervenções através da identificação de potenciais alvos de fármacos. Com base nos alvos conhecidos dos agentes anti-esquistossomóticos, os seus parálogos podem ser logicamente considerados como potenciais alvos de medicamentos. Acredita-se que o Praziquantel instigue a perturbação da homeostase do Ca2+ no parasita, embora o modo de ação exato permaneça incerto. A sinalização de Ca2+ é absolutamente necessária para a contração muscular (extensa estrutura muscular e infraestrutura). Os paralogues das subunidades dos canais de cálcio e as proteínas relacionadas são, por conseguinte, considerados candidatos principais. Foram identificados vários canais de Ca2+ dependentes da voltagem nos esquistossomas através de dados transcriptómicos e proteómicos. Estes incluem algumas subunidades de canais de cálcio activados por alta voltagem, cálcio ATPase, desmoyokin e muitas proteínas de ligação ao Ca2+ (CaBP), tais como calpaína, calreticulinas, calmodulina, Sm20 e um recetor de rianodina. Os componentes das vias de sinalização de iões Ca2+, incluindo a calpaína, a calreticulina e a calcineurina A, foram expressos no tegumento, o que sugere que estas vias podem desempenhar um papel importante na manutenção das funções tegumentares e, por conseguinte, os componentes-chave das vias podem ser considerados como alvos putativos de medicamentos. As ciclofilinas, que medeiam o efeito anti-esquistossomótico da ciclosporina A, já foram estabelecidas como alvo de medicamentos em S. mansoni. A inibição da ciclofilina diminuiu a atividade da rotamase, resultando na diminuição da dobragem dos polipéptidos. A superfamília de ciclofilina das peptidilprolil cis-trans isomerases representa um desafio para o desenvolvimento de inibidores alternativos e mais eficazes contra a esquistossomose. A oxamniquina e a hicantona podem inibir a síntese de ácidos nucleicos através da ativação da sulfo-transferase e produzir uma alquilação irreversível do ADN esquistossomótico (Han, et al.2009). Embora a resistência dos esquistossomas possa ser facilmente induzida por ambos os fármacos, alguns homólogos das heparan 6-O sulfotransferases e das tirosilproteínas sulfotransferases podem ser considerados como potenciais alvos dos fármacos. Recentemente, foram identificados oxadiazóis através de um rastreio quantitativo de alto rendimento como novos fármacos para o controlo da esquistossomose. Foi demonstrado que os oxadiazóis inibem uma enzima do parasita, a TGR, com atividade contra as três principais espécies de esquistossomas que infectam os seres humanos. A TGR pode preencher todos os critérios principais para ser um alvo-chave para a quimioterapia anti-esquistossómica. Este facto poderá representar a primeira validação de um alvo medicamentoso para o esquistossoma utilizando uma convergência de estratégias genéticas e bioquímicas. A nova informação genómica, transcriptómica e proteómica do esquistossoma constitui um importante recurso primário que pode ser extraído e explorado para acelerar a identificação de alvos de medicamentos e o desenvolvimento de novos anti-helmínticos. Para além dos alvos supramencionados, os genes associados à neurotransmissão, como o recetor nicotínico da acetilcolina, a colina O-acetiltransferase, a acetilcolinesterase, os transportadores de glutamato e de GABA, já estão estabelecidos como candidatos a alvos de medicamentos. Por outro lado, os transportadores de resistência a múltiplos fármacos, incluindo os parálogos dos genes de resistência a múltiplos fármacos (MDR), a proteína de cassete de ligação a ATP, a proteína associada à resistência a múltiplos fármacos e o transportador de efluxo de múltiplos fármacos RND, podem complicar o desenvolvimento de novos fármacos. Outros potenciais alvos de medicamentos incluem proteínas da membrana externa, factores de interação com o hospedeiro, permeases, enzimas do metabolismo intermediário, os componentes envolvidos na replicação do ADN, a transcrição e os sistemas de reparação. Genes específicos de espécies, enzimas únicas, transportadores de membrana e genes essenciais não caracterizados também devem ser considerados como potenciais alvos de medicamentos. O RNAi representa uma ferramenta viável para identificar alvos de medicamentos. Algumas aplicações iniciais de RNAi em esquistossomas sugeriram que os ortólogos de esquistossomas da sinalização de TGF-β e das catepsinas B e D representam potenciais alvos de medicamentos. (M. Salzet, et al, 2000)

ALVOS DE VACINAS

O desenvolvimento e a aplicação de uma vacina é uma estratégia alternativa importante para o controlo da esquistossomose como adjuvante da quimioterapia, embora ainda não tenha sido desenvolvida uma vacina adequada para utilização generalizada. As vacinas candidatas anti-esquistossoma adequadas terão de estimular uma resposta imunitária adaptativa eficaz em hospedeiros mamíferos. As proteínas de membrana, incluindo receptores, proteínas de ligação a iões, moléculas imunomoduladoras e enzimas que são acessíveis ao sistema imunitário dos mamíferos representam provavelmente alvos adequados para a vacina. Estima-se que uma redução da intensidade dos vermes de 50% ou mais reduziria significativamente a patologia e o grau de morbilidade, bem como diminuiria as taxas de transmissão. São necessários novos antigénios protectores que evoquem respostas efectoras adequadas. No entanto, uma questão fundamentalmente importante continua a ser a de saber que tipo de moléculas representam antigénios protectores. De um modo geral, as potenciais vacinas candidatas devem incluir estas proteínas que são preferencialmente expostas à superfície ou exportadas e que são expressas em fases parasitárias em hospedeiros mamíferos. A superfície mais externa dos estágios intramamíferos do parasita, o tegumento, é claramente a chave para o sucesso do parasita. Assim, algumas proteínas alojadas no tegumento são geralmente vistas como o alvo mais suscetível para vacinas e medicamentos. O proteoma do tegumento pode constituir a plataforma para o desenvolvimento de vacinas. Os estudos proteómicos revelaram um número surpreendentemente pequeno de proteínas que se prevê serem acessíveis à resposta imunitária do hospedeiro. Entre elas, as proteínas transmembranares expressas na superfície do tegumento podem ser potencialmente eficazes como vacinas. As tetraspaninas no tegumento externo, que podem funcionar como receptores para moléculas do hospedeiro, podem ser antigénios vacinais promissores. Em particular, a família das tetraspaninas das proteínas integrais da membrana parece estar abundantemente representada no tegumento. Os avanços na genómica e proteómica dos esquistossomas apresentam um novo conjunto de potenciais antigénios vacinais. Para além das tetraspaninas, outras proteínas de membrana, incluindo a calpaína, a anexina, a Sm29 e outras do tegumento externo, podem também ser potenciais candidatos a vacinas. Além disso, os ortólogos de receptores para factores do hospedeiro, moléculas associadas à adesão celular e proteínas e enzimas expostas à membrana e à superfície foram postulados como potenciais candidatos a vacinas. No entanto, a previsão de vacinas candidatas apenas a partir de informações de sequência é especulativa. Alguns antigénios-chave devem ser identificáveis por estudos imunológicos em animais experimentais e humanos, embora os anticorpos (ou células T) de animais infectados ou de hospedeiros humanos possam não conseguir identificar alvos de vacinas potencialmente eficazes. No entanto, a disponibilidade de uma série de novas moléculas de vacinas potenciais identificadas em análises genómicas funcionais em esquistossomas deve abrir uma linha de descoberta de antigénios para o eventual e bem-sucedido desenvolvimento de vacinas anti-esquistossomas. (McManus et al. 2018 e Tebeje, et al. 2018)

4.2 MECANISMOS DE RESISTÊNCIA: COMO AS ALTERAÇÕES PROTEÓMICAS ESTÃO LIGADAS À RESISTÊNCIA AOS MEDICAMENTOS.

Atualmente, o controlo da esquistossomose baseia-se no praziquantel (PZQ), que é o único medicamento disponível para o seu tratamento. A estratégia da OMS para o controlo da esquistossomose centra-se na redução da doença através de um tratamento periódico e orientado com PZQ, através do tratamento em larga escala das populações afectadas.

Por exemplo, Sanchez et al. examinaram o efeito do PZQ em estirpes de S. mansoni. Os autores observaram uma redução da suscetibilidade dos miracídios após exposição a 2 × 50 mg/Kg de PZQ. Também foi relatada a suscetibilidade dos vermes in vivo (ratos infectados com esquistossomas) após uma dose letal de 3 × 300 mg/kg de PZQ, reduzindo em apenas 10% o número de vermes em roedores infectados. Para além das provas experimentais, foram obtidos relatórios de insucesso do tratamento no Senegal e no Egito com suscetibilidade reduzida ao PZQ e outras experiências in vitro confirmaram o desenvolvimento de resistência ao PZQ. Todas estas proteínas estavam presentes em parasitas adultos não expostos ao PZQ, mas algumas delas desapareceram quando estes parasitas adultos foram expostos ao fármaco. Este resultado pode indicar o envolvimento da exposição ao PZQ na expressão destas proteínas em estirpes resistentes e susceptíveis. Com isto, não estamos a afirmar inequivocamente que estas proteínas são as únicas ou que são de todo responsáveis pelo fenótipo de resistência ao fármaco PZQ, mas este trabalho abre a porta a novos estudos utilizando proteómica, transcriptómica e metabolómica sobre a importância destas proteínas no fenótipo e genótipo de resistência ao PZQ.

Embora estudos anteriores do proteoma do Schistosoma tenham sido realizados utilizando extractos de proteínas e espécies de Schistosoma diferentes da nossa, algumas proteínas, tais como a proteína 14-3-3, HSP-70, GAPDH, glutationa S-transferase 28 kDa, enolase, frutose-bisfosfato aldolase, actina, triose-fosfato isomerase, calponina, fator de alongamento 1-α, fosfoglicerato quinase, fosfoglicerato mutase, miosina e paramiosina foram identificadas com frequência. Além disso, algumas proteínas que já foram testadas como candidatas a vacinas, como a glutationa S-transferase 28 kDa, a triosefosfato isomerase e a paramiosina, também foram identificadas no presente estudo. O antigénio principal do ovo, a troponina T, a dissulfureto-isomerase ER-60 e a actina, proteínas que também encontrámos, já foram agrupadas como proteínas imunorreactivas em pools de soro de indivíduos infectados ou não infectados da área endémica. Vários estudos demonstraram alterações proteómicas significativas em estirpes resistentes a medicamentos de parasitas Schistosoma. Estas alterações englobam alterações nos níveis de expressão das proteínas, modificações pós-traducionais e interações proteína-proteína. As principais proteínas implicadas na resistência aos medicamentos incluem transportadores de medicamentos, enzimas de desintoxicação e alvos de medicamentos. A caraterização proteómica revelou a regulação positiva dos transportadores do tipo ATP-binding cassette (ABC), tais como as glicoproteínas P, que escoam o fármaco das células do parasita, reduzindo a acumulação e a eficácia do fármaco. Além disso, o aumento da expressão de enzimas de desintoxicação, como o citocromo P450s, contribui para o metabolismo e a eliminação do fármaco. Além disso, as alterações nas proteínas-alvo dos medicamentos, como os canais de cálcio dependentes de voltagem e as acetilcolinesterases, afectam a afinidade e a eficácia da ligação dos medicamentos. A compreensão das alterações proteómicas associadas à resistência aos medicamentos fornece informações valiosas para o desenvolvimento de estratégias de tratamento alternativas. O facto de visar os transportadores de fármacos e as enzimas de desintoxicação utilizando terapias combinadas ou agentes adjuvantes pode aumentar a sensibilidade aos fármacos e ultrapassar os mecanismos de resistência. Os esforços de descoberta de medicamentos orientados para a proteómica visam identificar novos alvos terapêuticos que sejam menos susceptíveis ao desenvolvimento de resistência. Além disso, as abordagens de tratamento personalizado baseadas no perfil proteómico de cada parasita são promissoras para otimizar os resultados do tratamento e minimizar o aparecimento de resistência. É necessária mais investigação para elucidar as complexas redes proteómicas envolvidas nos mecanismos de resistência aos medicamentos. A integração de dados proteómicos com outras abordagens "ómicas", como a genómica e a metabolómica, melhorará a nossa compreensão da base molecular da resistência e informará a conceção racional de medicamentos. Além disso, o desenvolvimento de plataformas de rastreio de elevado rendimento para avaliar a eficácia dos medicamentos em relação a diversos perfis proteómicos irá acelerar a identificação de regimes de tratamento eficazes. Os esforços de colaboração entre investigadores, clínicos e decisores políticos são essenciais para enfrentar o desafio da resistência aos fármacos na esquistossomose e melhorar os resultados globais em termos de saúde.

PROTEÍNAS QUE FORAM IDENTIFICADAS COMO POTENCIAIS ALVOS DE MEDICAMENTOS NA ESQUISTOSSOMOSE

1. Sm14: Esta proteína é uma proteína de ligação a ácidos gordos encontrada no Schistosoma mansoni. Tem sido investigada como candidata a vacina devido ao seu papel no metabolismo lipídico do parasita e na modulação imunitária do hospedeiro. Estudos demonstraram que a

vacinação com Sm14 pode induzir respostas imunitárias protectoras em modelos animais. (Wang, et al. 2017)

2. SmTSP-2: A proteína tetraspanina-2 do Schistosoma mansoni, conhecida como SmTSP-2, surgiu como uma candidata a vacina promissora. A SmTSP-2 está envolvida nas interações hospedeiro-parasita e demonstrou provocar respostas imunitárias protectoras em animais vacinados, o que a torna um alvo potencial para o desenvolvimento futuro de vacinas. (Wang, et al. 2017)

3. Proteínas GST (Glutationa S-transferase): As enzimas GST desempenham um papel nos processos de desintoxicação nos esquistossomas. Algumas proteínas GST têm sido exploradas como candidatas a vacinas devido à sua imunogenicidade e potencial para induzir respostas imunitárias protectoras contra o parasita. (Taman, et al. 2011)

4. Sm29: Outra proteína do Schistosoma mansoni, a Sm29, tem sido investigada pelo seu potencial vacinal. Acredita-se que a Sm29 esteja envolvida na variação antigénica do parasita e tem-se mostrado promissora na estimulação de respostas imunitárias que podem inibir o crescimento e o desenvolvimento do parasita. (Taman, et al. 2011)

5. TSP-2 (Tetraspanina-2): As tetraspaninas são um grupo de proteínas que desempenham papéis importantes em vários processos celulares, incluindo interações hospedeiro-parasita. As proteínas TSP-2 têm sido estudadas como alvos de vacinas na esquistossomose devido à sua imunogenicidade e potencial para provocar respostas imunitárias protectoras em indivíduos vacinados. (Caffrey, et al. 2011)

ADAPTAÇÃO DE ESTRATÉGIAS TERAPÊUTICAS PARA AUMENTAR A EFICÁCIA NA ESQUISTOSSOMOSE

A esquistossomose continua a ser um grande problema de saúde a nível mundial, com uma carga significativa de morbilidade e mortalidade. Embora o praziquantel tenha sido fundamental para reduzir o impacto da doença, as preocupações com a resistência aos medicamentos e a reinfeção exigem o desenvolvimento de novas estratégias terapêuticas. A adaptação de estratégias terapêuticas para aumentar a eficácia da esquistossomose exige uma abordagem multidisciplinar que integre a medicina de precisão, combinações de medicamentos, imunomodulação e modalidades de tratamento alternativas. Aproveitando os avanços nas tecnologias "ómicas", farmacologia, imunologia e desenvolvimento de medicamentos, os investigadores e clínicos podem ultrapassar os desafios colocados pela resistência aos medicamentos, reinfeção e complexidade da doença. O investimento contínuo em investigação, inovação e colaboração global é essencial para alcançar um controlo sustentável e a eliminação da esquistossomose como uma ameaça à saúde pública. Apesar da eficácia do PZQ na redução da morbilidade, a dependência do tratamento e do controlo deste medicamento e a preocupação com a emergência de resistência levam à procura de terapêuticas adicionais ou de outras estratégias de controlo. Têm sido feitos esforços contínuos para contornar a dependência de um único medicamento através da síntese de derivados do PZQ e da investigação da sua atividade anti-esquistossomótica. Infelizmente, porém, estes derivados não conseguiram, em geral, melhorar a sua atividade em comparação com a do fármaco parental. (Raudvere et al). Na maioria dos casos, a promissora atividade in vitro dos medicamentos candidatos não pode ser extrapolada para aceitar a atividade in vivo, provavelmente relacionada com a farmacocinética e os perfis metabólicos, os principais determinantes da eficácia in vivo. Muitas vezes, são combinadas várias estratégias de controlo da morbilidade, mas é necessário melhorá-las para se obterem programas de controlo integrados e abrangentes. Além disso, dada a dependência do PZQ, é necessário otimizar o tempo de vida útil do PZQ, através da investigação do potencial de administração de terapias combinadas de PZQ, evitando o aparecimento e a evolução da resistência aos medicamentos. Ao longo dos anos, tem sido enfatizado que esta estratégia revelaria efeitos sinérgicos e, portanto, poderia melhorar o tratamento de infecções por helmintos, neste caso a esquistossomose.

CAPÍTULO CINCO

5.1 COMPLEXIDADE DAS INTERACÇÕES PARASITA-HOSPEDEIRO

A relação hospedeiro-parasita representa uma interação íntima entre pelo menos dois sistemas genéticos, o hospedeiro e o parasita. Entre os parasitas utilizados como modelos pelos imunologistas, os esquistossomas, em particular, exibem uma diversidade espantosa de mecanismos engenhosos que regulam as suas interações com o seu hospedeiro intermediário e definitivo. A complexidade das interações hospedeiro-parasita na esquistossomose reflecte a intrincada interação entre a biologia do parasita, a imunidade do hospedeiro, a suscetibilidade genética, os factores ambientais e os determinantes sociais da saúde. Uma compreensão abrangente destas interações é essencial para o desenvolvimento de estratégias de controlo eficazes, incluindo vacinas, novas terapêuticas e abordagens integradas de gestão da doença, para mitigar o impacto desta devastadora doença tropical negligenciada. Em hospedeiros imunocompetentes, os parasitas escapam à resposta imunitária principalmente através de dois mecanismos:

1. Expressão de antigénios adequados, quer alterando os antigénios expressos com rapidez suficiente para impedir qualquer resposta imunitária eficaz (variação antigénica), quer expressando epítopos semelhantes, se não idênticos, às moléculas do hospedeiro (mimetismo antigénico).
2. Modificação da resposta imunitária do hospedeiro (através de similaridades auto-imunoreguladoras), quer diretamente através das suas próprias moléculas, quer indiretamente através da desregulação das células efectoras do hospedeiro1-4. Os parasitas podem também utilizar moléculas de sinalização do hospedeiro para controlo do crescimento e do desenvolvimento; por exemplo, interleucina 7 (IL-7), esteróides ou hormona da tiroide (TH). (Maizels, et al. 2016)

A natureza variada da relação que os esquistossomas têm com vários hospedeiros potenciais implica que sofreram ajustes genéticos significativos durante o curso da evolução, ou que, durante a evolução, certos processos integrativos chave foram mantidos, particularmente no que diz respeito aos componentes de sinalização e suas funções. A elaboração de mecanismos de defesa pelo hospedeiro e a geração de diversidade bioquímica, ou do polimorfismo das estruturas de reconhecimento, são frequentemente consideradas como um resultado das pressões de seleção impostas pelas infecções parasitárias. A maioria dos biólogos tende a explicar a evolução da relação hospedeiro-parasita através de mutações e rearranjos aleatórios neo-darwinistas, que conduzem às variações resultantes da seleção natural. Embora os progressos registados nos últimos anos na biologia molecular e na imunologia tenham apoiado estes pontos de vista, levaram ao desenvolvimento de novos conceitos que incluem o parasitismo molecular e a existência de uma interação constante e adaptativa entre os parasitas e os seus hospedeiros. Os dados dos últimos 20 anos mostram que numerosas moléculas de sinalização semelhantes às dos mamíferos podem ser identificadas em diferentes espécies de parasitas. Um estudo mais aprofundado dos modelos hospedeiro-parasita poderá levar a uma melhor compreensão dos mecanismos adaptativos e ao controlo subtil da resposta imunitária do hospedeiro, bem como à erradicação dos parasitas humanos. (CDC,2022) MODIFICAR A RESPOSTA IMUNITÁRIA DO HOSPEDEIRO

Muitos parasitas dividem o seu ciclo de vida entre vários hospedeiros. O parasitismo implica um equilíbrio muito preciso entre o parasita e os vários microambientes do hospedeiro onde decorre cada fase do ciclo de vida. Em cada microambiente, o parasita é capaz de sobreviver, crescer e amadurecer utilizando todo um conjunto de moléculas externas e/ou próprias. Neste sentido, investigámos os pontos comuns de sinalização extracelular entre os parasitas e os seus hospedeiros, uma vez que estes parasitas podem existir durante longos períodos de tempo no hospedeiro. Dado o papel de vários neuropeptídeos opióides na sinalização imunológica e nervosa dos mamíferos, e a sua conservação em invertebrados de vida livre, estes podem também estar envolvidos no parasitismo. Peptídeos derivados da proopiomelanocortina (POMC), elementos do sistema renina-angiotensina (RAS) e substâncias semelhantes à morfina foram demonstrados em S. mansoni e têm sido implicados nas interações com o hospedeiro POMC. Os péptidos derivados da POMC [por exemplo, hormona adrenocorticotrópica (ACTH), hormona a-melanoestimulante (a-MSH) e b-endorfina (bE)] foram identificados nas principais fases do ciclo de vida do S. mansoni (cercárias, esquistossómulos, vermes adultos e miracídios) e algumas sequências relacionadas estão presentes no genoma do parasita. O significado funcional da presença de POMC pode ser determinado a partir do seguinte:

1. Nos vermes adultos de S. mansoni, podem ser encontradas quantidades detectáveis de ACTH e bE após incubação in vitro, indicando a sua síntese e libertação de novo
2. A maturação da POMC para libertar ACTH deve ser feita, como nos vertebrados, por subtilisina-kexina prohormone convertases em conjunto com carboxipeptidases, como a enzima conversora de angiotensina (ACE). Além disso, a conversão de ACTH em MSH é efectuada em vertebrados por NEP e/ou ACE, e estas enzimas foram demonstradas em Schistosoma
3. No hospedeiro intermediário do S. mansoni, Biomphalaria glabrata, os imunócitos e os leucócitos humanos são inibidos (perda de movimento e conformação ameboide) pela exposição à a-MSH. Assim, a ACTH e a a-MSH modulam o mascaramento do parasita pelo sistema imunitário do hospedeiro. (M.salzet et al)

A complexidade das interações hospedeiro-parasita na esquistossomose é multifacetada, envolvendo uma intrincada dinâmica molecular, imunológica e ecológica. Esta doença parasitária, causada por parasitas trematódeos do género Schistosoma, envolve uma interação complexa entre o parasita e o seu hospedeiro humano, bem como os hospedeiros intermediários dos caracóis no ciclo de vida do parasita. Seguem-se os principais aspectos que normalmente contribuem para a complexidade das interações quente-parasita dos parasitas Schistosoma:

1. Invasão do Parasita e Evasão Imunitária: Os esquistossomas desenvolveram mecanismos sofisticados para invadir os tecidos do hospedeiro e evitar as suas respostas imunitárias. As larvas de cercárias penetram na pele dos seres humanos durante o contacto com a água, onde se transformam em esquistossómulos e migram para vários órgãos, principalmente o fígado e os intestinos. Os parasitas utilizam várias estratégias para escapar à deteção imunitária do hospedeiro, incluindo a variação dos antigénios de superfície, a modulação das vias de sinalização imunitária do hospedeiro e a supressão das funções efectoras da imunidade do hospedeiro.
2. Imunopatogénese: A resposta imunitária do hospedeiro à infeção por esquistossomas desempenha um papel central na patogénese da doença. Tanto os mecanismos imunitários

inatos como os adaptativos contribuem para o controlo da carga parasitária e para o desenvolvimento de patologia tecidular. No entanto, a esquistossomose crónica é caracterizada por respostas imunitárias desreguladas, levando à formação de granulomas, fibrose e lesões de órgãos. O equilíbrio entre a imunidade protetora e a imunopatologia é influenciado por vários factores, incluindo a carga parasitária, a genética do hospedeiro e factores ambientais.

3. Suscetibilidade Genética do Hospedeiro: Os factores genéticos do hospedeiro contribuem para a suscetibilidade individual à infeção pelo esquistossoma e para os resultados da doença. Os polimorfismos nos genes do hospedeiro envolvidos na regulação imunitária, como as citocinas, os receptores Toll-like e os antigénios leucocitários humanos (HLAs), influenciam a suscetibilidade à infeção, a gravidade da doença e a resposta ao tratamento. A compreensão da base genética das interações entre o hospedeiro e o parasita pode contribuir para o desenvolvimento de abordagens terapêuticas personalizadas e de estratégias de vacinação.

4. Diversidade e Evolução do Parasita: Os parasitas do esquistossoma apresentam uma diversidade genética e uma estrutura populacional consideráveis, o que influencia a sua dinâmica de transmissão e a resposta às medidas de controlo. A variação geográfica das estirpes do parasita, as adaptações específicas do hospedeiro e as pressões evolutivas exercidas pelo tratamento medicamentoso e pela imunidade do hospedeiro contribuem para a complexidade da epidemiologia e do controlo da esquistossomose. Evidências emergentes sugerem o potencial de hibridização entre diferentes espécies de Schistosoma, complicando ainda mais o panorama genético do parasita.

5. Factores Ecológicos e Socioeconómicos: A transmissão da esquistossomose é influenciada por uma série de factores ecológicos e socioeconómicos, incluindo a contaminação da água, a abundância de caracóis vectores, o comportamento humano e a pobreza. Determinantes ambientais complexos, tais como alterações climáticas e projectos de desenvolvimento de recursos hídricos, podem ter impacto na distribuição e intensidade da transmissão do esquistossoma, colocando desafios aos esforços de controlo da doença. Além disso, as disparidades socioeconómicas e o acesso limitado aos cuidados de saúde agravam o fardo da esquistossomose nas regiões endémicas. (Amino, et al. 2018 e Jankovic, et al. 2006)

5.2 OS AVANÇOS NAS TECNOLOGIAS PROTEÓMICAS E A FORMA COMO ESTAS OFERECEM UMA VISÃO MAIS APROFUNDADA DAS INTERACÇÕES HOSPEDEIRO-PARASITA

Os avanços contínuos nas tecnologias proteómicas, em particular a proteómica unicelular e a proteómica espacial, fizeram avançar significativamente a nossa compreensão das interações hospedeiro-parasita em doenças como a esquistossomose. A esquistossomose é uma doença parasitária causada por vermes sanguíneos do género Schistosoma, que afecta milhões de pessoas em todo o mundo e coloca desafios significativos à saúde pública.

A proteómica de célula única permite a análise dos padrões de expressão proteica em células individuais, permitindo aos investigadores identificar respostas específicas das células à invasão dos parasitas. Ao examinar o proteoma das células infectadas com uma resolução de célula única, os cientistas podem descobrir alterações subtis na expressão de proteínas associadas aos mecanismos de defesa do hospedeiro, estratégias de evasão imunitária utilizadas pelos parasitas e alterações nas vias de sinalização celular.

A proteómica de célula única permite aos investigadores estudar os perfis de expressão proteica de células hospedeiras individuais em resposta à infeção por Schistosoma. Ao analisar o proteoma das células infectadas com uma resolução de célula única, os cientistas podem identificar respostas imunitárias específicas do hospedeiro, vias de sinalização e alterações moleculares induzidas pelo parasita. Esta análise detalhada fornece informações sobre a forma como o parasita interage com as células hospedeiras, modula as defesas imunitárias do hospedeiro e estabelece a infeção no hospedeiro.

A proteómica espacial, por outro lado, oferece uma perspetiva espacialmente resolvida da distribuição de proteínas em tecidos, órgãos ou mesmo organismos inteiros. Esta tecnologia permite aos investigadores visualizar a localização de proteínas específicas em relação às interações hospedeiro-parasita, fornecendo informações valiosas sobre os compartimentos subcelulares onde estas interações ocorrem. Esta tecnologia permite aos investigadores mapear a distribuição de proteínas específicas nos tecidos infectados, realçando a organização espacial das interações entre o hospedeiro e o parasita. Ao visualizar a localização subcelular de proteínas-chave envolvidas na patologia da esquistossomose, os cientistas podem descobrir informações críticas sobre as estratégias de invasão do parasita, danos nos tecidos do hospedeiro e respostas imunitárias montadas contra a infeção.

Através da integração de abordagens proteómicas espaciais e unicelulares, os investigadores podem obter uma compreensão abrangente dos mecanismos moleculares que determinam as interações entre o hospedeiro e o parasita na esquistossomose. Estas tecnologias proteómicas avançadas não só revelam novos alvos terapêuticos e biomarcadores para o diagnóstico da doença, como também abrem caminho ao desenvolvimento de novas estratégias de tratamento e intervenções para combater esta infeção parasitária debilitante. Ao desvendar a complexa interação entre os hospedeiros e os parasitas a nível celular e tecidular, os avanços proteómicos oferecem vias promissoras para melhorar a gestão e o controlo da esquistossomose à escala global. (Maizels e Hewitson, 2016)

5.3 INTEGRAÇÃO E COMBINAÇÃO DE DADOS PROTEÓMICOS COM GENÓMICOS E TRANSCRIPTÓMICOS

Os avanços nas tecnologias de elevado rendimento permitiram a geração de conjuntos de dados em grande escala que captam vários aspectos dos sistemas biológicos, incluindo perfis proteómicos, genómicos e transcricionais. A integração destas fontes de dados multiómicos proporciona uma visão holística dos processos celulares, revelando interações moleculares e redes reguladoras subjacentes a estados fisiológicos e patológicos. (Achcar, et al. 2017). A convergência de tecnologias proteómicas, genómicas e transcricionais revolucionou a nossa compreensão da função celular e dos mecanismos de doença. A análise proteómica revela o conjunto completo de proteínas expressas por uma célula ou organismo, oferecendo informações sobre a abundância de proteínas, modificações pós-tradução e interações proteína-proteína. A caraterização genómica e transcricional elucida as paisagens genéticas e transcricionais, respetivamente, fornecendo informações sobre os níveis de expressão dos genes, eventos de splicing alternativo e redes reguladoras. A integração destes conjuntos de dados multiómicos permite identificar os principais intervenientes moleculares e os circuitos reguladores que regem a fisiologia celular e a patogénese das doenças.

PRINCÍPIOS DA INTEGRAÇÃO DE DADOS

A integração de dados proteómicos, genómicos e transcricionais envolve a harmonização de conjuntos de dados díspares, a contabilização da heterogeneidade dos dados e a identificação de correlações e associações significativas. As ferramentas bioinformáticas e os métodos estatísticos, como a análise de correlação, a análise de redes de co-expressão e a análise de enriquecimento de vias, facilitam a integração e a interpretação dos dados. Além disso, os algoritmos computacionais para a fusão de dados e as abordagens de aprendizagem automática permitem a extração de padrões ocultos e de modelos preditivos a partir de conjuntos de dados multiómicos integrados.

APLICAÇÕES NA INVESTIGAÇÃO BIOMÉDICA

A integração de dados proteómicos, genómicos e transcricionais tem diversas aplicações na investigação biomédica, incluindo a descoberta de biomarcadores, a identificação de alvos de medicamentos e a subtipagem de doenças. Na investigação sobre o cancro, a análise integrativa de dados multiómicos permite a identificação de genes determinantes do cancro, a desregulação de vias e a estratificação de doentes para uma oncologia de precisão. Nas doenças infecciosas, a caraterização multiómica das interações entre o hospedeiro e o agente patogénico elucida os mecanismos moleculares da patogénese e contribui para o desenvolvimento de terapias e vacinas orientadas para o hospedeiro. Além disso, nas doenças neurodegenerativas, as abordagens multiómicas integradas esclarecem a progressão da doença, a disfunção neuronal e os potenciais alvos terapêuticos. A integração de dados proteómicos, genómicos e transcriptómicos permite uma compreensão a nível sistémico da biologia do esquistossoma e das interações hospedeiro-parasita. A análise proteómica fornece informações sobre o conjunto completo de proteínas expressas pelos esquistossomas, incluindo enzimas-chave, receptores e antigénios envolvidos na sobrevivência e virulência do parasita. O perfil genómico e transcriptómico elucida os padrões de expressão genética, os eventos de splicing alternativo e as redes reguladoras que regem o desenvolvimento do parasita, o metabolismo dos medicamentos e a evasão imunitária do hospedeiro. A integração destes conjuntos de dados multiómicos permite a identificação de alvos de medicamentos candidatos, biomarcadores de infeção e progressão da doença e vias associadas à resistência aos medicamentos e à modulação da resposta imunitária do hospedeiro. (Maizels e Hewitson, 2016)

APLICAÇÕES NO TRATAMENTO DA ESQUISTOSSOMOSE

As abordagens integrativas multiómicas têm diversas aplicações no tratamento da esquistossomose, incluindo a descoberta de medicamentos, o desenvolvimento de vacinas e terapias dirigidas ao hospedeiro. Ao identificar proteínas essenciais e vias metabólicas exclusivas dos esquistossomas, os investigadores podem dar prioridade a alvos de medicamentos para intervenção terapêutica. Além disso, a caraterização multiómica das respostas imunitárias do hospedeiro à infeção por esquistossomas informa o desenvolvimento de terapias imunomoduladoras e vacinas candidatas destinadas a reforçar a imunidade do hospedeiro e a prevenir a reinfeção. Além disso, a análise integrativa de estirpes de esquistossomas resistentes aos medicamentos pode revelar os mecanismos moleculares de resistência e orientar a conceção de terapias combinadas para ultrapassar o insucesso do tratamento.

DESAFIOS

Apesar do seu potencial, a integração de dados multiómicos para o tratamento da esquistossomose enfrenta desafios como a integração de dados, a análise computacional e a validação experimental. A resolução destes desafios exige colaborações interdisciplinares, protocolos normalizados e ferramentas de bioinformática adaptadas à investigação do esquistossoma. Seguem-se algumas das limitações da integração da proteómica com as tecnologias ómicas em termos de investigação e terapêutica da esquistossomose.

HETEROGENEIDADE DOS DADOS

Um dos principais desafios na integração de dados proteómicos, genómicos e transcriptómicos é a heterogeneidade dos dados. Cada conjunto de dados ómicos é gerado utilizando diferentes técnicas experimentais, plataformas e formatos de dados, o que leva a discrepâncias na qualidade, resolução e escala dos dados. Além disso, os dados proteómicos são inerentemente mais dinâmicos e sujeitos a modificações pós-tradução, o que complica ainda mais a integração com dados genómicos e transcriptómicos estáticos. A harmonização destes conjuntos de dados heterogéneos requer protocolos normalizados, métodos de pré-processamento de dados e técnicas de normalização para garantir a compatibilidade e a comparabilidade entre diferentes camadas ómicas. LIMITAÇÕES TÉCNICAS

As limitações técnicas inerentes às tecnologias proteómicas, genómicas e transcriptómicas colocam desafios adicionais à integração dos dados. A análise proteómica sofre frequentemente de problemas como a cobertura limitada do proteoma, a baixa sensibilidade e a compressão da gama dinâmica, o que resulta numa identificação incompleta e tendenciosa das proteínas. Do mesmo modo, os dados genómicos e transcriptómicos podem ser afectados por erros de sequenciação, contaminação da amostra e efeitos de lote, comprometendo a exatidão e a reprodutibilidade dos dados. Para ultrapassar estas limitações técnicas, são necessários avanços nas metodologias experimentais, nas técnicas de aquisição de dados e nas medidas de controlo de qualidade para aumentar a fiabilidade e a robustez dos conjuntos de dados multiómicos.

COMPLEXIDADE COMPUTACIONAL

A integração de dados multiómicos envolve análises computacionais complexas e fluxos de trabalho de bioinformática. Os métodos de integração de dados devem ter em conta a elevada dimensionalidade, a esparsidade e o ruído inerentes aos conjuntos de dados multiómicos, abordando também questões como os dados em falta, a imputação de dados e os efeitos de lote. Além disso, as técnicas de análise integrativa devem ser capazes de captar relações não lineares, interações e dependências entre diferentes camadas ómicas, o que pode exigir o desenvolvimento de algoritmos e modelos estatísticos especializados. A escalabilidade e a eficiência computacional são também considerações críticas, particularmente para estudos multiómicos em grande escala que envolvam milhares de amostras e milhões de caraterísticas. (Sacks e Sher, 2002)

5.4 IMPLICAÇÕES DOS DESAFIOS DO TRATAMENTO DA ESQUISTOSSOMOSE PARA A PRÁTICA CLÍNICA

Colmatar o fosso entre os desafios do tratamento da esquistossomose e a prática clínica requer uma abordagem coordenada e multifacetada que aproveite a investigação translacional, o envolvimento da comunidade, a defesa de políticas e as iniciativas de reforço de capacidades. Ao fomentar a colaboração entre as partes interessadas e ao traduzir os resultados da investigação em intervenções acionáveis, podemos melhorar a prestação de cuidados à esquistossomose, reduzir o peso da doença e melhorar a saúde e o bem-estar das populações afectadas. A esquistossomose coloca desafios significativos aos esforços de tratamento e controlo, com impacto na prática clínica e nos resultados dos doentes. Apesar dos avanços na investigação, a tradução dos resultados científicos em aplicações práticas em contextos clínicos continua a ser uma tarefa formidável. O livro "Schistosomiasis treatment challenges for clinical practice" (Implicações dos desafios do tratamento da esquistossomose para a prática clínica) explora estratégias para colmatar o fosso entre os resultados da investigação e as aplicações práticas. Ao promover a colaboração entre investigadores, prestadores de cuidados de saúde, decisores políticos e comunidades, é possível melhorar o tratamento da esquistossomose e melhorar os resultados para os doentes. (Zhou, et al. 2018)

IMPLICAÇÕES PARA A PRÁTICA CLÍNICA

Os desafios do tratamento da esquistossomose têm implicações significativas para a prática clínica, incluindo atrasos no diagnóstico, resultados de tratamento abaixo do ideal e acesso limitado aos serviços de saúde. Nas regiões endémicas, os prestadores de cuidados de saúde enfrentam frequentemente constrangimentos como infra-estruturas inadequadas, capacidades de diagnóstico limitadas e formação insuficiente no tratamento da esquistossomose. Além disso, a complexidade da biologia do esquistossoma, as interações hospedeiro-parasita e os mecanismos de resistência aos medicamentos sublinham a necessidade de orientações de tratamento baseadas em provas e de abordagens terapêuticas adaptadas. (Savioli, et al. 2006)

ESTRATÉGIAS DE INVESTIGAÇÃO TRANSLACIONAL

A tradução dos resultados da investigação em aplicações práticas na prática clínica exige uma abordagem multidisciplinar que faça a ponte entre a ciência fundamental e os cuidados clínicos. As estratégias de investigação translacional incluem o desenvolvimento de diagnósticos no local de prestação de cuidados, novas modalidades de tratamento e abordagens científicas de implementação adaptadas às necessidades das comunidades endémicas. As parcerias de colaboração entre investigadores, clínicos, funcionários da saúde pública e partes interessadas da comunidade são essenciais para a conceção conjunta de intervenções, a realização de ensaios no terreno e a expansão de intervenções bem-sucedidas. (Zhou, et al. 2018)

ENVOLVIMENTO E CAPACITAÇÃO DA COMUNIDADE

Envolver e capacitar as comunidades afectadas é essencial para garantir o sucesso e a sustentabilidade dos esforços de controlo da esquistossomose. As abordagens de investigação participativa com base na comunidade, incluindo a educação para a saúde, programas de trabalhadores de saúde comunitários e iniciativas de vigilância lideradas pela comunidade, podem aumentar a sensibilização, promover comportamentos preventivos e facilitar a deteção precoce e o tratamento da esquistossomose. Ao envolver as comunidades como parceiros activos nos esforços de investigação e implementação, podemos reforçar os sistemas de saúde e promover a apropriação das intervenções de saúde. (Zhou, et al. 2018)

POLÍTICA E DEFESA

Os esforços eficazes de política e advocacia são essenciais para mobilizar recursos, moldar as agendas de saúde e dar prioridade ao controlo da esquistossomose em plataformas nacionais e globais. As campanhas de sensibilização dirigidas aos decisores políticos, doadores e organizações internacionais podem aumentar a consciencialização sobre o fardo da esquistossomose e a necessidade de investimento sustentado em esforços de investigação, tratamento e prevenção. Além disso, a defesa do acesso equitativo a medicamentos essenciais, instrumentos de diagnóstico e serviços de saúde pode abordar as disparidades nos cuidados da esquistossomose e melhorar os resultados de saúde para a população carenciada. (Zhou, et al. 2018)

CAPÍTULO SEIS

CONCLUSÃO

A análise proteómica da esquistossomose forneceu informações valiosas sobre os mecanismos moleculares que conduzem a esta doença complexa. Ao identificar proteínas-chave envolvidas nas interações hospedeiro-parasita, na patogénese e na resistência aos medicamentos, os investigadores abriram caminho para o desenvolvimento de novas ferramentas de diagnóstico e alvos terapêuticos. Através de técnicas avançadas, como a espetrometria de massa, foram geradas grandes quantidades de dados, o que levou a uma compreensão mais clara do parasita ao nível do proteoma. Várias proteínas, como a Sm29 e a SmTSP-2, foram identificadas como alvos promissores para o desenvolvimento de vacinas contra a esquistossomose, oferecendo a esperança de uma abordagem mais eficaz e sustentável para o controlo da doença. Além disso, a descoberta de proteínas resistentes aos medicamentos realçou a necessidade urgente de investigação contínua sobre estratégias de tratamento alternativas que possam contornar os mecanismos de resistência. Foram observadas variações nos perfis de expressão proteica entre diferentes estirpes do parasita, o que realça a necessidade de abordagens específicas da região para a gestão da doença. Ao adaptar as intervenções com base em dados proteómicos locais, as autoridades de saúde podem otimizar os resultados do tratamento e minimizar o risco de surgimento de resistência aos medicamentos. Olhando para o futuro, os esforços de investigação devem centrar-se na expansão dos estudos proteómicos para abranger todas as fases do ciclo de vida do parasita, incluindo hospedeiros intermediários e reservatórios ambientais. Ao elucidar a complexa interação entre os esquistossomas, os seus hospedeiros e o ambiente, os investigadores podem obter uma compreensão mais holística da dinâmica de transmissão da doença e desenvolver estratégias de controlo mais direcionadas. A colaboração entre equipas de investigação multidisciplinares será essencial para tirar partido de todo o potencial da análise proteómica para combater eficazmente a esquistossomose.Em conclusão, a análise proteómica representa uma ferramenta poderosa na luta contra a esquistossomose, oferecendo conhecimentos sem precedentes sobre os fundamentos moleculares desta doença tropical negligenciada. Ao aproveitar a riqueza de informação fornecida pelos estudos proteómicos, podem ser dados passos significativos no sentido da erradicação da esquistossomose e da redução do peso desta doença devastadora para as populações afectadas em todo o mundo.

REFERÊNCIA

1. Almeida, R. B., et al. (2020). Avanços recentes em aplicações proteómicas para a investigação da esquistossomose: potencial impacto clínico. Revisões especializadas em medicina molecular, 22(8), e5.
2. Hotez, P. J., et al. (2016). Schistosomiasis. Nature Reviews Disease Primers, 2, 16062.
3. Mutapi, F., et al. (2011). Proteómica de parasitas de helmintos: de modelos experimentais a infecções humanas. Parasitologia, 138(1-2), 131-150.
4. Cai P, et al. (2016). Um candidato a vacina de proteína invariante de Schistosoma japonicum induz respostas específicas de anticorpos. Ata Trop, 157:58-67.
5. Doenhoff MJ, et al. (2018). Praziquantel: Mecanismos de Ação, Resistência e Novos Derivados para Esquistossomose. Curr Opin Infect Dis, 31(6): 595-603.
6. Hotez PJ, et al. (2009). Estudo da Carga Global de Doença 2010: Interpretação e implicações para as doenças tropicais negligenciadas. PLoS Negl Trop Dis, 6(2): e1377.
7. OS Onile, B Calder, NC Soares, CI Anumudu, JM Blackburn (2017) : Análise proteómica quantitativa sem rótulo da urina humana para identificar novos biomarcadores de proteínas candidatas à esquistossomose
8. McManus DP, et al. (2020). Diagnóstico molecular da esquistossomose: Estamos a passar da microscopia para as moléculas e os mercados. Clin Microbiol Rev, 33(2): e00061-19.
9. Oliveira KC, et al. (2021). Vacinas contra a esquistossomose: Uma atualização sobre desenvolvimento, ensaios clínicos em humanos e perspectivas futuras. Front Immunol, 12: 670740.
10. Adetunji, S. A., Olayemi, I. K., & Shoyombo, A. J. (2018). Aplicação da espetroscopia de infravermelho ao diagnóstico da esquistossomose em nigerianos. Física e Tecnologia de Infravermelhos, 91, 244-251.
11. Bennett, J. L., Misra, S., & Pritt, S. (2019). Proteômica baseada em espetrometria de massa na pesquisa da esquistossomose: Uma revisão. Pesquisa em Parasitologia, 118(7), 1847-1856.
12. Couto, F. F. D., Coelho, P. M. Z., Araújo, N., Katz, N., & Mattos, A. C. A. (2020). Espectroscopia no infravermelho: Uma ferramenta para o diagnóstico da esquistossomose. Analytical Methods, 12(16), 2107-2116.
13. Leutner S, Oliveira KC, Rotter B, Beckmann S, Buro C, Hahnel S, et al. (2013) Análises combinatórias de microarray e SuperSAGE identificam genes transcritos dependentes de pareamento em machos de Schistosoma mansoni, incluindo a folistatina. PLoS Negl Trop Dis 7(1): e2532.
14. Sotillo J, Pearson M, Potriquet J, Becker L, Pickering D, Mulvenna J, Loukas A. As vesículas extracelulares segregadas pelo Schistosoma mansoni contêm proteínas candidatas a vacinas. Int J Parasitol. 2016 Feb;46(3):1-5.
15. Dai, S., Zhou, J., Wang, Y., Xu, R., Zhou, J., & Wang, Y. (2017). Proteómica e metabolómica na investigação da esquistossomose: Uma revisão do progresso recente. Parasitology Research, 116(11), 2997-3006.
16. Liao, C., Zhu, J., Chen, S., Liu, X., Tang, J., Zhang, Y.,& Wu, Z. (2019). Análise proteômica comparativa de proteínas de Schistosoma japonicum schistosomulum que são diferencialmente expressas entre hospedeiros que diferem em sua suscetibilidade à infeção.

Parasitas e Vectores, 12(1), 1-15.
17. Lu, S., Zhang, R., Ying, W., & Wang, H. (2020). Avanços na proteômica baseada em espetrometria de massa para estudos de interações hospedeiro-parasita. Tendências em Parasitologia, 36(5), 399-412.
18. Santos, L. L., Barros, F. M. C., Pinheiro, C. S., & Oliveira, R. R. (2018). Proteómica baseada em espetrometria de massa na investigação da esquistossomose: Uma revisão sistemática. Parasitology Research, 117(8), 2385-2394.
19. Vassella, E., Matos, D., Pereira, R. R., & Oliveira, G. (2019). Aplicações da proteômica baseada em espetrometria de massa no estudo de parasitas helmintos. International Journal for Parasitology, 49(1), 57-68.
20. Veličković, J., Janković, D., Cekić, N., & Stanković, N. (2016). Espectroscopia de infravermelho no diagnóstico da esquistossomose humana. Spectrochimica Ata Parte A: Espectroscopia Molecular e Biomolecular, 159, 117-122.
21. Bergquist R, Utzinger J, Keiser J. Controlar a esquistossomose com praziquantel: Quanto tempo mais sem uma alternativa viável? Infect Dis Poverty. 2017;6(1):74. doi:10.1186/s40249- 017-0289-8
22. Gordon CA, Gray DJ, Gobert GN, McManus DP. DNA amplification approaches for the diagnosis of key parasitic helminth infections of humans. Mol Cell Probes. 2011;25(4):143-152.2011.04.002
23. McManus DP, Dunne DW, Sacko M, Utzinger J, Vennervald BJ, Zhou XN. Schistosomiasis.Nat Rev Dis Primers. 2018;4(1):13. doi:10.1038/s41572-018-0013-8
24. Oliveira G, Oliveira LM, Gomes LI, et al. Descoberta de biomarcadores para o diagnóstico da esquistossomose numa área endémica brasileira. PLoS Negl Trop Dis. 2014;8(12)
25. Xue X, Sun J, Zhang Q, Wang Z, Huang Y, Pan W. Identificação e caraterização de uma nova vacina candidata, SjLIM, contra Schistosoma japonicum.
26. Caldas I.R., Campi-Azevedo A.C., Oliveira L.F., Silveira A.M., Gazzinelli G. Esquistossomose mansoni humana: respostas imunológicas durante as fases aguda e crônica da infeção. Ata Trop. 2008;108:109-117.
27. Pearce E.J., MacDonald A.S.The immunobiology of schistosomiasis.Nat .Rev.Immunol. 2002;2:499-511.
28. Sulaiman S.M., Ali H.M., Homeida M.M., Bennett J.L. Eficácia de um novo composto da Hoffmann-La Roche (Ro 15-5458) contra Schistosoma mansoni (estirpe Gezira, Sudão) em macacos vervet (Cercopithecus aethiops) Trop. Med. Parasitol. 1989;40:335-336.
29. Kamel G., Metwally A., Guirguis F., Nessim N.G., Noseir M. Effect of a combination of the new antischistosomal drug Ro 15-5458 and praziquantel on different strains of Schistosoma mansoni infected mice. Arzneim-Forsch Drug Res. 2000;50:391-394. doi: 10.1055/s-0031- 1300219.
30. Rossi A, Wippersteg V, Klinkert MQ, Grevelding CG. 2003. Clonagem e regiões flanqueadoras do gene da calcineurina A de Schistosoma mansoni e sua caraterização em parasitas transientemente transformados. Mol. Biochem. Parasitol. 130:133-38 155.
31. Salzet M, Capron A, Stefano GB. 2000. Molecular crosstalk in host-parasite relationships: schistosomeand leech-host interactions.
32. Parasitol. Hoje 16:536-40 156. Santos TM, Johnston DA, Azevedo V, Ridgers IL, Martinez MF, et al. 1999. Analysis of the gene expression profile of Schistosoma mansoni

cercariae using the expressed sequence tag approach. Mol. Biochem. Parasitol. 103:79-97 157.

33. Saule P, Adriaenssens E, Delacre M, Chassande O, Bossu M, et al. 2002. Variações precoces da tiroxina e da interleucina-7 do hospedeiro favorecem o desenvolvimento do Schistosoma mansoni. J. Parasitol. 88:849-55 158. Sayed AA, Cook SK, Williams DL. 2006.

34. Os mecanismos de equilíbrio redox no Schistosoma mansoni dependem das peroxiredoxinas e da albumina e implicam que as peroxiredoxinas sejam novos alvos de medicamentos. J. Biol. Chem. 281:17001- 10 159. Sayed AA, Simeonov A, Thomas CJ, Inglese J, Austin CP, Williams DL. 2008.

35. Metabolismo energético comparativo de alguns helmintos parasitas. J. Parasitol. 56:634-42 161.Schussler P, Potters E, Winnen R, Bottke W, Kunz W. 1995. An isoform of ferritin as acomponent of protein yolk platelets in Schistosoma mansoni. Mol. Reprod. Dev. 41:325-30 Shrivastava J, Qian BZ, Mcvean G, Webster JP. 2005.

36. Uma visão da variação genética de Schistosoma japonicum na China continental utilizando marcadores de microssatélites de ADN. Mol. Ecol. 14:839-49 163. Simões M, Bahia D, Zerlotini A, Torres K, Artiguenave F, et al. 2007.

37. Polimorfismos de nucleotídeo único ˜ identificação em genes expressos de Schistosoma mansoni.Mol. Biochem. Parasitol. 154:134-40 164. Simpson AJ, Sher A, McCutchan TF. 1982. The genome of Schistosoma mansoni: isolation of DNA, its size, bases and repetitive sequences. Mol. Biochem. Parasitol. 6:125-37 165. Skelly PJ, Da'dara A, Harn DA. 2003.

38. Supressão da expressão de catepsina B em Schistosoma mansoni por interferência de RNA. Int. J. Parasitol. 33:363-69 166. Skelly PJ, Kim JW, Cunningham J, Shoemaker CB. 1994.

39. Clonagem, caraterização e expressão funcional de cDNAs que codificam proteínas transportadoras de glicose do parasita humano Schistosoma mansoni. J. Biol. Chem. 269:4247-53 167.

40. Skelly PJ, Shoemaker CB. 1996. Aparecimento rápido e distribuição assimétrica do transportador de glucose SGTP4 na superfície apical do Schistosoma mansoni em fase intramamária. Proc. Natl. Acad. Sci. USA 93:3642-46 168. Smart D, Johnston CF, Curry WJ, Williamson R, Maule AG, et al. 1994.

41. Smart D, Johnston CF, Maule AG, Halton DW, Hrckova G, et al. 1995. Localization of Diploptera ' punctata allatostatin-like immunoreactivity in helminths: an immunocytochemical study. Parasitology 110:87-96 170. Stelma FF, Talla I, Sow S, Kongs A, Niang M, et al. 1995.

42. Eficácia e efeitos secundários do praziquantel num foco epidémico de Schistosoma mansoni. Am.J. Trop. Med. Hyg. 53:167-70 171. Stohler RA, Curtis J, Minchella DJ. 2004.

43. Comparação do polimorfismo e da heterozigotia de microssatélites entre populações de Schistosoma mansoni de campo e de laboratório. Int. J. Parasitol. 34:595-601 172. Tran MH, Pearson MS, Bethony JM, Smyth DJ, Jones MK, et al. 2006.

44. As tetraspaninas na superfície do Schistosoma mansoni são antigénios protectores contra a esquistossomose. Nat. Med. 12:835-40 173. van Balkom BW, van Gestel RA, Brouwers JFHM, Krijgsveld J, Tielens AGM, et al. 2005.

45. Mass spectrometric analysis of the Schistosoma mansoni tegumental subproteome (Análise espectrométrica de massa do subproteoma tegumentar do Schistosoma mansoni). J. Proteome Res. 4:958-66 174. van der Weele CM, Tsai CW, Wolniak SM. 2007.

46. Mago nashi é essencial para a espermatogénese em Marsilea. Mol. Biol. Cell. 18:3711-22

175. van Hellemond JJ, Retra K, Brouwers JF, van Balkom BW, Yazdanbakhsh M, et al. 2006.
47. Funções do tegumento dos esquistossomas: pistas do proteoma e do lipidoma. Int. J. Parasitol. 36:691-99 176. van Hellemond JJ, van Balkom BW, Tielens AG. 2007. Schistosome biology and proteomics: progress and challenges. Exp. Parasitol. 117:267-74
48. Sures, B. et al. (1999) Parasites as accumulation indicators of heavy metal pollution.Parasitol. Today 15, 16-21 28 Munger.
49. J.C. e Holmes, J.C. (1987) Benefits of parasitic infection: a test using a ground squirrel-trypanosome system. Can. J. Zool. 66, 222-227
50. Lincicome, D.R. (1971) The goodness of parasitism: a new hypothesis, in Aspects of the Biology of Symbiosis (Cheng, T.C., ed.), pp 139-227, University Park, Baltimore.
51. Levin, B.R. e Lenski, R.E. (1983) Coevolution of bacteria and their viruses and plasmids, em Coevolution (Futuyma, D.J. e Slatkin, M., eds), pp 99-127, Sinauer Associates
52. Bouma, J.E. e Lenski, R.E. (1988) Evolução de uma associação bactéria/plasmídeo. Natureza 335, 351-352
53. Nuismer, S.L. et al. (1999) Gene flow and geographically structured coevolution. Proc. R. Soc. London B Biol. Sci. 266, 605-609
54. Fan J, Minchella DJ, Day SR, McManus DP, Tiu WU, Brindley PJ. 1998. Geração, identificação e avaliação de etiquetas de sequências expressas de diferentes fases de desenvolvimento do verme asiático Schistosoma japonicum. Biochem. Biophys. Res. Commun. 252:348-56
55. Fantappie MR, Bastos de Oliveira FM, de Moraes Maciel R, Rumjanek FD, Wu W, Loverde PT. 2008. ' Clonagem de SmNCoA-62, um novo coactivador de receptores nucleares de Schistosoma mansoni: montagem de um complexo com um heterodímero SmRXR1/SmNR1, SmGCN5 e SmCBP1. Int. J. Parasitol. 38:1133-47
56. Fantappie MR, Furtado DR, Rumjanek FD, Loverde PT. 2008. Uma repetição direta única do recetor nuclear ' 17 (DR17) está presente na região a montante do gene p14 específico da fêmea de Schistosoma mansoni. Biochem. Biophys. Res. Commun. 371:689-93
57. Faria-Campos AC, Moratelli FS, Mendes IK, Ortolani PL, Oliveira GC, et al. 2006. Produção de seqüências completas de cDNA por seqüenciamento e análise de etiquetas de seqüências expressas de Schistosoma mansoni. Mem. Inst. Oswaldo Cruz 101:161-65
58. Fitzpatrick JM, Hoffmann KF. 2006. Schistosoma mansoni dióicos expressam repertórios de genes divergentes regulados pelo emparelhamento. Int. J. Parasitol. 36:1081-89
59. Fitzpatrick JM, Johansen MV, Johnston DA, Dunne DW, Hoffmann KF. 2004. Expressão genética associada ao género em duas estirpes relacionadas de Schistosoma japonicum. Mol. Biochem. Parasitol. 136:191-209
60. Fitzpatrick JM, Johnston DA, Williams GW, Williams DJ, Freeman TC, et al. 2005. An oligonucleotide microarray for transcriptome analysis of Schistosoma mansoni and its application/use to investigate genderassociated gene expression. Mol. Biochem. Parasitol. 141:1-13
61. Fletcher M, LoVerde PT, Woodruff DS. 1981. Genetic variation in Schistosoma mansoni: enzyme polymorphisms in populations from Africa, Southwest Asia, South America, and the West Indies. Am. J. Trop. Med. Hyg. 30:406-21
62. Foster JM, Mercer JG, Rees HH. 1992. Análise de ecdisteróides nos trematódeos, Schistosoma mansoni e Fasciola hepatica. Trop. Med. Parasitol. 43:239-44

63. Franco GR, Adams MD, Soares MB, Simpson AJ, Venter JC, Pena SD. 1995. Identificação de novos genes de Schistosoma mansoni pela estratégia EST usando uma biblioteca de cDNA direcional. Gene 152:141-47
64. Franco GR, Rabelo EM, Azevedo V, Pena HB, Ortega JM, et al. 1997. Avaliação de bibliotecas de cDNA de diferentes estágios de desenvolvimento de Schistosoma mansoni para produção de etiquetas de seqüências expressas (ESTs). DNA Res. 30:231-40
65. Franco GR, Valadao AF, Azevedo V, Rabelo EM. 2000. O programa de descoberta de genes de Schistosoma: estado da arte. Int. J. Parasitol. 30:453-63
66. Freitas TC, Jung E, Pearce EJ. 2007. A sinalização TGF-β controla o desenvolvimento embrionário no verme plano parasita Schistosoma mansoni. PLoS Pathog. 3:e52
67. Fung MC, Lau MT, Chen XG. 2002. Análise de etiquetas de sequência expressa (EST) de uma biblioteca de cDNA de Schistosoma japonicum cercariae. Ata Trop. 82:215-24
68. Giribet G. 2008. Montando a árvore da vida dos lophotrochozoan (= spiralian). Philos. Trans. R. Soc. London Ser. B 363:1513-22
69. Gobert GN, McInnes R, Moertel L, Nelson C, Jones MK, et al. 2006. Ferramenta transcriptómica para os vermes sanguíneos Schistosoma humanos utilizando perfis de expressão de genes em microarray. Exp. Parasitol. 114:160-72
70. Gourlay LJ, Angelucci F, Baiocco P, Boumis G, Brunori M, et al. 2007. A estrutura tridimensional de dois estados redox da ciclofilina A de Schistosoma mansoni. Evidência de regulação redox da atividade da peptidilprolil cis-trans isomerase. J. Biol. Chem. 282:24851-57
71. Gryseels B, Polman K, Clerinx J, Kestens L. 2006. Esquistossomose humana. Lancet 368:1106-18
72. Guillou F, Roger E, Mone Y, Rognon A, Grunau C, et al. 2007. Proteoma excretor-secretor de larvas de Schistosoma mansoni e Echinostoma caproni, dois parasitas de Biomphalaria glabrata. Mol. Biochem. Parasitol. 155:45-56
73. Haas BJ, Berriman M, Hirai H, Cerqueira GG, Loverde PT, El-Sayed NM. 2007. Genoma de Schistosoma mansoni: aproximando-se de um conjunto final de genes. Exp. Parasitol. 117:225-28
74. António pinto-almeida, Pedro Ferreira, Silvana Belo. Uma análise proteómica comparativa do schistosoma mansoni suscetível ao praziquantel e resistente ao praziquantel revela uma resposta distinta entre animais machos e fêmeas (2021)
75. Braschi, S., et al. (2019). SchistoDB: um recurso genômico atualizado para os três principais esquistossomos de humanos. Nucleic Acids Research, 47(D1), D74-D77.
76. Chemale, G., et al. (2003). Uma análise proteómica comparativa de duas estirpes estreitamente relacionadas de Schistosoma mansoni resistentes e susceptíveis ao praziquantel. International Journal for Parasitology, 33(11), 1351-1368.
77. Cao, X., et al. (2020). Perfil lipidômico de vesículas semelhantes a exossomos de Schistosoma japonicum para a compreensão dos mecanismos de doenças parasitárias. Fronteiras em Microbiologia Celular e de Infeção, 10, 146.
78. Lin, D., et al. (2019). Análise metabolómica de Schistosoma japonicum cercariae e schistosomula usando espetrometria de massa. Metabolómica, 15(7), 1-11.
79. Zhang, X., et al. (2018). Identificação de genes expressos especificamente no estágio de Schistosoma japonicum por um microarray de cDNA. PLoS Doenças Tropicais Negligenciadas

80. Nyalwidhe, J. O., & Gallagher, W. M. (2010). Proteómica: Avanço na descoberta de biomarcadores do cancro. Disease Markers, 28(3), 187-202.
81. Smith, L. M., et al. (2002). Proteomics, genomics and transcriptomics in the discovery and validation of biomarkers for ovarian cancer (Proteómica, genómica e transcriptómica na descoberta e validação de biomarcadores para o cancro do ovário). Expert Review of Molecular Diagnostics, 2(6), 549-565.
82. Thompson, A., et al. (2006). Etiquetas de massa em tandem: Uma nova estratégia de quantificação para a análise comparativa de misturas complexas de proteínas por MS/MS. Analytical Chemistry, 78(3), 757-764.
83. Gilda, J. E., & Gomes, A. V. (2013). Disfunção do proteassoma nas cardiomiopatias. Journal of Physiology, 591(23), 3819-3831
84. Aebersold, R., & Mann, M. (2016). Exploração espectrométrica de massa da estrutura e função do proteoma. Nature, 537(7620), 347-355.
85. Dunn, W. B., & Ellis, D. I. (2005). Metabolómica: Plataformas e metodologias analíticas actuais. Tendências em Química Analítica, 24(4), 285-294.
86. Lee, J. W., et al. (2019). Metabolômica baseada em espetrometria de massa para entender os compostos bioativos marinhos. Drogas Marinhas, 17(7), 392.
87. Makarov, A. (2000). Armadilha orbital eletrostática axialmente harmónica: A high-performance technique of mass analysis. Analytical Chemistry, 72(6), 1156-1162.
88. Zhang, Y., et al. (2018). Proteómica de célula única: Tecnologias e aplicações. Tendências em Biotecnologia, 36(7), 703-717.
89. Achcar, F., et al. (2017). Explorando a paisagem proteômica de uma interação hospedeiro-parasita: O exemplo de Drosophila suzukii e sua vespa parasita Leptopilina heterotoma. Fronteiras em Fisiologia, 8, 835.
90. Colley, D. G., & Secor, W. E. (2014). Imunologia da esquistossomose humana. Imunologia de Parasitas, 36(8), 347-357.
91. Munday, J. C., et al. (2011). Anotação funcional e análise comparativa de etiquetas de sequências expressas da Fasciola hepatica. BMC Genomics, 12(1), 1-17.
92. Peng, D., et al. (2015). Análise proteômica comparativa da biossíntese de polissacarídeos Ganoderma lucidum induzida por elicitor fúngico. Process Biochemistry, 50(5), 819-826.
93. Ramachandra Rao, S., et al. (2019). Resposta do hospedeiro e estratégias de evasão na mastite bovina.Journal of Proteomics, 196, 121-130.
94. Davis, M. M., et al. (2015). Imunologia de sistemas: Apenas começando. Nature Immunology, 16(1), 3-4.
95. Pulendran, B., & Davis, M. M. (2020). A ciência e a medicina da imunologia humana. Science, 369(6511), eaay4014.
96. Seder, R. A., et al. (2003). Proteção contra a malária através da imunização intravenosa com uma vacina contra esporozoítos não replicantes. Science, 341(6152), 1359-1365.
97. Swartz, M. A., et al. (2012). Complexidade do microambiente tumoral: Papéis emergentes na terapia do cancro. Cancer Research, 72(10), 2473-2480.
98. Weaver, C. T., & Hatton, R. D. (2009). Interação entre as linhagens celulares TH17 e TReg: A (co-) evolutionary perspective. Nature Reviews Immunology, 9(12), 883-889.
99. Botelho, M. C., et al. (2020). Schistosoma haematobium e cancro da bexiga: O que está por detrás? Virulência, 11(1), 797-809.
100. Cheever, A. W., et al. (2018). Schistosoma mansoni e resposta hepática associada após

interrupção do tratamento com praziquantel em camundongos cronicamente infectados. PLoS Neglected Tropical Diseases, 12(4), e0006444.
101.Kuraishy, A., et al. (2017). Cancros associados à esquistossomose: Uma perspetiva a longo prazo.Cancer Cell, 31(1), 1-3.
102.Pakpahan, R., et al. (2020). Esquistossomose e o risco de cancro da bexiga na América do Norte e na Europa Ocidental: Uma revisão sistemática. Cancros, 12(11), 3202.
103.Aebersold, R., & Mann, M. (2016). Exploração espectrométrica de massa da estrutura e função do proteoma. Nature, 537(7620), 347-355.
104.Domon, B., & Aebersold, R. (2006). Espectrometria de massa e análise de proteínas. Science, 312(5771), 212-217.
105.Gygi, S. P., et al. (1999). Quantitative analysis of complex protein mixtures using isotope-coded affinity tags. Nature Biotechnology, 17(10), 994-999.
106.Nesvizhskii, A. I. (2014). Proteogenómica: Conceitos, aplicações e estratégias computacionais. Nature Methods, 11(11), 1114-1125.
107.Zhang, B., et al. (2014). Caracterização proteogenómica do cancro do cólon e do reto humano. Nature, 513(7518), 382-387.

MIX
Papier aus verantwortungsvollen Quellen
Paper from responsible sources
FSC® C105338

Printed by Books on Demand GmbH, Norderstedt / Germany